ロジカルシンキングを超える戦略思考

フェルミ推定の技術

Fermi estimation is the best business skill.

はじめに

「フェルミ推定」という、
ファンタスティックな思考技術を皆さんに伝授したい。

そんな想いから、この本を書かせていただきました。

まず、最初に。コンサルタントを目指す方。
そして、コンサルタントの方。
フェルミ推定は必須科目です。
ですから、直ちに本書を購入してください。
そして、カフェに1時間籠ってください。
新しい「思考技術」をさくっと習得してください。
ケース面接やコンサルワークに、ぜひ活かしてください。

さて、本題でございます。
Allビジネスパーソンに対して語らせてください。

フェルミ推定は誤解されています。

誤解されまくっております。きっと皆さんも誤解しています。

誤解１)「日本に電柱は何本あるか？」的な「頭の体操」で、ビジネスには無関係どころか不必要だよね？
誤解2)というか、フェルミ推定は、コンサル転職の為でしょ？
誤解3)百歩譲って必要だとしても、「算数」がお好きな人向けでしょ？

以上、全て誤解です。
もう悲しいくらいに誤解しております。
そんな誤解から、フェルミ推定は陰に追いやられてしまいました。
ほんと悲しい。

でも、でもビジネス最前線で、それこそ戦略立案や事業計画も当然ですし、新規事業開発にも使われています。というか、「結果を出している」コンサルタント・事業家の皆さんは、僕が言うまでもなく「自然と」めちゃくちゃ使い倒しております。

- 今後の市場環境の変化を捉え、どのような事業戦略に落とし込めばいいのか？
- 新しい商品をローンチするが、このポテンシャル市場はどのくらいあるのか？
- プロジェクト遂行には、どのくらいの人月がかかるのか？

このような論点も全て、フェルミ推定の技術が根底にないと「正しく」解けません。そして、類まれなるビジネスセンスでフェルミ推定を体得している方が「自然と」使うものだから、周りの人が学びづらい。あぁ、教えてもらいづらい。

言語化もそういう人はしてくれない。そんな時間もない。

そして何より、この世に「ビジネスで使えるレベルで」書かれたフェルミ推定の本がないわけだけだから、なおさら学びにくい構造になっておりました。

でも、そんな時代も終わりです。
僕が終わらせにきました。

この度、ソシム（株）さんが僕を見出してくれて、本書を書く機会を頂けました。そして、この本に全ての「フェルミ推定の技術」を、それこそ僕オリジナルの技を、ページが許す限り詰め込んでいます。

でも、テーマがテーマだけに「難しいのでは？」「最後まで読み切れないのでは？」と思ってしまった方、ご安心ください。本書には、僕から皆さんへの「愛と想像力」をふんだんに練り込みました。

具体的には、僕が今までに「2千回以上」講義をしている内容を、（僕の真骨頂でもある）語り口調で、まさに「1対1で、皆さん一人ひとりに僕が講義をしている」ように書きました。

パラパラパラと読んでいただけば、すぐに感じられるかと思います。積読にもならず、読んだけど「何も変わらない」ってことも絶対に無いような仕掛けを散りばめてありますので、楽しみにしてください。

ここで、本書の構成を説明しておきます。
構成が全てですからね、本というものは。

まず、本書は全「8章」立てになっています。皆さんにとって未知の世界となりますので、まずは圧倒的にワクワクしていただき、自然と「読む」「学ぶ」エネルギーが滾る構成にしました。
題して、「ロマン」からの「スキル」

まずは「ロマン」。

【第1章】
「フェルミ推定ってこんなに奥深いとは！単なる因数分解じゃない？」(冒険の予感)
【第2章】
「こんなにセクシーな解き方ができるの！」(到達点の確認、憧れの醸成)

そして「スキル」。

【第3章】〜【第5章】
「なるほど！スキル！完全に再現可能！」(スキル習得)
【第6章】
「ふむふむ、ビジネスでこんなにも応用できる！」(スキルの応用)
【第7章】
「なるほど、こう鍛えていけばいいのね！」(スキルの磨き方)
【第8章】
「ケース面接はこういうものなのか！」(ストリートファイト)

どうですか？ ワクワクしませんか？
しますよね。しますよね。

ありがとうございます。

最後に、違う角度からフェルミ推定を説明して締めさせてください。

僕が語る必要がないほど、社会が大きく変わり、事業の形態も様変わり・日々進化をし、昔の正攻法が通用しなくなってしまいました。それまでであれば、ひと昔に成功した方法＝正しい「答え」として戦えば良かった。まさに「答えのあるゲーム」でした。
しかし、今はもう残念ながら違います。

「答えの無いゲーム」の時代に突入してしまったのですから。

でも、安心してください。
「答えの無いゲーム」で勝つためのスキルが求められる時代にもってこいなのが、本書のテーマ「フェルミ推定の技術」なのです。

フェルミ推定とは何か？
＝①未知の数字を、②常識・知識を基に、③ロジックで、④計算すること

「未知の数字」への挑戦。
まさに、まさにフェルミ推定は「答えの無いゲーム」です。
その意味で、「フェルミ推定の技術」を磨き、これから続く「答えの無いゲーム」での戦い方を学び始めてほしい。そして、「答えの無いゲーム」に慣れてほしいのです。

メッセージを繰り返します。
フェルミ推定は、「戦略立案」「事業計画」「新規事業開発」「未来予測」のベースとなる最強の思考法です。そして当然、僕の母校であるBCGをはじめとするコンサルティングファームへの転職対策にも使えます。

ようこそ、フェルミ推定の世界へ。
圧倒的なビジネスパーソンになる「武器」を授けよう。

2021年7月　高松智史

目　次

第1章　「フェルミ推定」とは何者か？

「フェルミ推定」をどう捉えるべきなのかを、9つの角度から語らせてください。単なる「因数分解」ではない、魅惑のフェルミ推定の世界へお連れいたします。

第2章　フェルミ推定の痛快「解法」ストーリー

フェルミ推定の奥深さ/楽しさを体感する「8の解法」をご覧ください。この章を読んだ後、「フェルミ推定にハマる」までに持っていきたいという心意気です。

第3章　フェルミ推定は「因数分解」

フェルミ推定＝「①因数分解」＋「②値」＋「③話し方」で構成されます。まずは、フェルミ推定の根幹である「因数分解」を詳らかにします。

第4章　フェルミ推定は「値」

因数分解の次は、皆さんが苦手な「値」について科学していきます。くどいようですが先に言いますね。「答えの無いゲーム」をちゃんとやりましょう。

第5章　フェルミ推定の話し方 -表現すべきは「考え方」「働き方」

どんなにフェルミ推定をセクシーにしたとしても、相手に伝わらなければ意味がない。議論できなければ、そこには価値などないのです。

第6章　フェルミ推定は「ビジネス」を明るくする

フェルミ推定は「アタマの体操」でも「ケース面接用」でもありません。ロジカルシンキングを超えた、圧倒的にビジネスを明るくする最強の思考ツールです。

第7章　フェルミ推定を「鍛える」ための方法

フェルミ推定の技術を堪能していただいた後は、その「鍛え方」をご紹介いたします。更に皆さんへのプレゼントということで、「解くべき100問」も付けました！

第8章　フェルミ推定と「コンサル面接」

コンサル界隈で活用されているフェルミ推定を解体します。どんな問題が出題されるのか？その観点は？ 面接官と候補者の具体的なやりとり＝スクリプトで生解説です。

第1章

「フェルミ推定」とは何者か？

「フェルミ推定」というマニアックな言葉を聞いて、この本を手に取ってくれたことに感謝をお伝えしたい。そして、まずは3つほど質問させてください。

「フェルミ推定をただの因数分解だと思っていませんか？」「ビジネスには使えない、コンサル対策用のツールだと思っていませんか？」「ロジカルシンキングの方が使える、などと思っていませんか？」。おそらく多くの人が、フェルミ推定を大いに誤解しています。

第1章では、フェルミ推定の「奥深さ」を丁寧に解説します。皆さんに圧倒的な〝ワクワク感〟をお届けし、『私の最近の趣味はフェルミ推定です』とまで言わせたい。それがゴールです。では皆さん、新しい「フェルミ推定の世界」へ！

01 フェルミ推定＝「ロジック＋常識・知識」

「フェルミ推定とは、一体何者か？」について、これから「科学」していきます

フェルミ推定＝未知の数字を常識・知識を基にロジックで計算すること

この定義こそが、まさにフェルミ推定を“真正面”から見た説明です。言い古された定義でもあり、噛みしめれば噛みしめるほど味わい深い定義だと思いませんか？

まずはこの「味わい深さ」を分解し、解説させてください！

はっきり言って、フェルミ推定は大いに誤解されています。本当はロジカルシンキングよりも陽の目を浴びるべきなのに、どこか「つまらない」「一部の人向け」といった、ネガティブな印象を持たれている。だから僕は、この第1章を通じて皆さんに、いや貴方に、あらたな世界観をぜひ体感していただくつもりです。

フェルミ推定って、こんなに奥深くて面白いんだ!

そしてまずは、次の形式でフェルミ推定を色々な角度から解釈・意味づけを説明していきたいと思います。

フェルミ推定　=(　　　　　)

「定義」を分解し、それぞれを丁寧すぎるくらいに解説します

前振りが長くなりましたが、まずは1つ目でございます。

フェルミ推定
=①未知の数字を、②常識・知識を基に、③ロジックで、
④計算すること

この定義は4つの要素で構成されていますので、1つずつ順番に説明していきますね。

①「未知の数字」

フェルミ推定は「冒険」です。漫画『ワンピース』で言えばグランドライン、漫画『Hunter×Hunter』で言えば暗黒大陸を目指すようなイメージです。そして、未知への飽くなき探求心が、フェルミ推定の世界にもあるのです。

「知ることができたなら、ビジネスを先に進める!けど、調べてもどこにもない数字」を探す・作りだす冒険。

例えば、ビジネスにおいて新しいサービスをローンチしたとします。その新規事業部長として、そのサービスの市場がどのくらいあるかを推定する。これがまさに、フェルミ推定です。あるいは皆さんが人生

設計を考えるとき、ライフプランナーさんと相談する。これも「皆さんはあと50年で、どのくらいの収入と支出があるのか？」を、フェルミ推定で計算してくれているのです。

まだまだ、あります。

身近な例で言えば(とは言え、僕には身近ではないのですが)、「マッチングアプリ『Tinder』で、どのくらいの人とデートができるか？」も、フェルミ推定を駆使すれば算出することができるのです。

このように、「未知の数字」を「技術」をもって推定する。

これこそが、フェルミ推定の骨格となります。

②「常識・知識」

「未知の数字」を探求する“冒険”ですから、ありとあらゆる手段を講じることになります。フェルミ推定の世界では、魔法の杖はありません。あるのは、皆さん自身のアタマの中にある「常識・知識」だけなのです。

ありとあらゆる「常識・知識」を駆使する。

今までのビジネス経験は当然としても、日々の生活で経験したことも含め、まさに皆さんの人生をかけた戦いとなります。

少し具体的に、どのように常識・知識を駆使するのかについて説明させてください。

皆さんが「カフェ」を出店しようとしている友達から、相談を受けたとします。貴方は、近くにあるスターバックスを参考にしようと思い、1日の売上を推定してみることにしました。これこそ、「フェルミ推定の技術」の使い所ですよね。

さて、ここで皆さんの頭にある「スターバックス」関連の、“ありとあらゆる常識・知識”をぜひ思い出してほしい。

・1杯のスターバックスコーヒーの値段
・スタバの席の数
・時間帯毎の混み具合
・店内飲食、テイクアウトの割合

このような、生活していると何となく知っていることも知識を使いますし、それこそが「未知の数字」を推定するためのヒントになっていきます。もし、スターバックスがわからなければ、タリーズやドトールでも問題ありません。それも含めて、常識・知識となります。

まさに、全身全霊で自分の人生を思い出し、常識・知識を絞りだすイメージです。正しい数字ではなくても、「こんな感じだったかな？」が武器になるのです。

ここで少し、深い説明をさせてもらいます。

僕らが倒す相手は「未知の数字」。未知の数字＝調べてもわからない数字、を算出するわけですから、算出された数字の「下二桁」など、全体で見たら「誤差」になります。算出された結果が「億円単位」であれば、「万単位」は誤差ですので、気にすること自体に意味が無い！となります。

もちろん、ビジネスにおいては、フェルミ推定で未知の数字から「ある程度」確からしい数字を算出した上で、重要な決断をしなければならないケースもあるでしょう。その場合は、その数字を前提に、消費者アンケートを行い、より精緻な数字を作っていくことになります。あるいは、コンサルの面接「ケース面接」であれば、まさに今、頭にある常識・知識だけで、解くことになります。

このように、フェルミ推定はいわば「ビジネス界の総合格闘技」とも言えるのです。

フェルミ推定は「技術」ですので、全てが解説可能なのです!

さあ、先に進みますよ。3つ目と4つ目に行きましょう！

③「ロジック」

ロジックなんて聞くと本を閉じたくなると思うので、次のような位置付けと捉えてください。

・ゴールである「未知の数字」に向かって
・装備・持ち物である「常識・知識」を携え
・ゴールまでの「道」である「ロジック」を行く

「未知の数字」を算出するためには、どういう道を通ればいいのか？となり、それこそが「ロジック」であり、「因数分解」となるのです。

④「計算すること」

最後は「計算」になります。これまた、ロジックに次いで本を閉じたくなる話でしょう。でもでも、聞いてくださいませ。計算といっても、微分や積分、Σが出てくるわけではなく、「足す」「引く」「掛ける」「割る」の四則演算しか出てこないんです。

フェルミ推定は四則演算です。

そして、あらためて呼ばせていただきます。

フェルミ推定＝未知の数字を常識・知識を基にロジックで計算すること。

これが、真正面から見たフェルミ推定となります。フェルミ推定を勉強したことがある方も、きっとこの角度で勉強したはずですよね。

それでは、ここから1-09まで、まさに「上から」「下から」「斜めから」フェルミ推定を見ていきましょう。

皆さんの冒険の始まりです!

注:「僕はフェルミ推定の王になる」と叫んでから、次の章へお進みください。

02 フェルミ推定＝「答えの無いゲーム」

フェルミ推定を“違う”角度から見ていきます

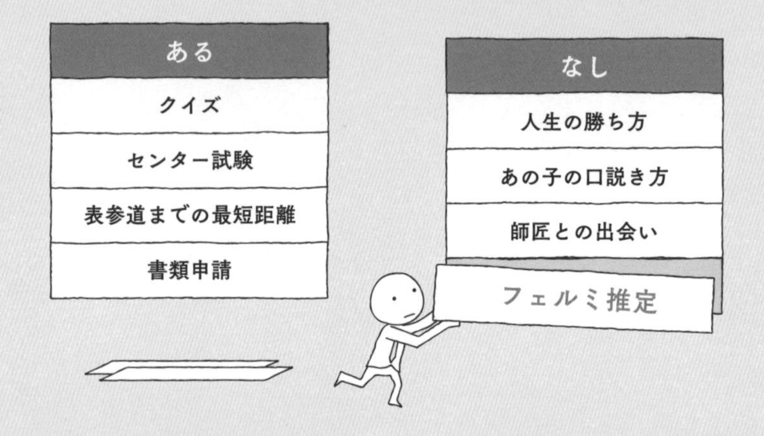

フェルミ推定＝答えの無いゲーム

これが、フェルミ推定を極める上で理解しなければならない大原則です。

ちなみに、反意語は「答えのあるゲーム」で、その代表例がセンター試験です。回答を見て、「正解！不正解！」を判断できる性質を有するモノとなります。

一方で、フェルミ推定は違います。「未知の数字」を探求するのがフェルミ推定ですから、答えがありません。算出した結果を第三者が見ても、「この数字で正解！」とは判断できないのです。

フェルミ推定に限らずコンサルティングも、それこそスポーツもビジネス書の書き方も、「答えの無いゲーム」です。

しかしながら、大学受験までは基本「答えのあるゲーム」ですから、正しく「答えの無いゲーム」の戦い方を教えられていない/できていない人が沢山おります。ですので、まず「答えの無いゲーム」を紐解いた上で、それをいかにフェルミ推定に当てはめるかを説明して行きます。

まずは、「答えの無いゲーム」の戦い方を理解しましょう

「答えのあるゲーム」であれば、プロセスなど関係ありません。回答さえ正解であれば、それで終わりとなります。まさに「答え合わせ」ができるわけです。ですので、「答えのあるゲーム」は、いかに早く正確にその答えを導けるか？が論点となります。

一方で、「答えの無いゲーム」にはゴールという「答え」がありません。ゲームの性質が異なりますので、言わば効率性を重視した戦い方は全く通じません。

では、「答えの無いゲーム」はどのように戦えばいいのでしょうか？

実は簡単で、以下の3つを意識するだけでOKです。

①「プロセスがセクシー」＝
　セクシーなプロセスから出てきた答えはセクシー
②「2つ以上の選択肢を作り、選ぶ」＝
　選択肢の比較感で、“より良い”ものを選ぶしかない
③「炎上、議論が付き物」＝
　議論することが大前提。時には炎上しないと終わらない

もっと簡単に言えば、こんな感じになります↓

答えが無いのだから、プロセス
答えが無いのだから、比較
答えが無いのだから、議論

言われてみれば、納得できる方も多いでしょう。でもいかんせん、受験戦争をしている期間が長すぎて、身についていない方が本当に多いのです。結果として、フェルミ推定も“因数分解すれば良い”という浅い理解に留まってしまい、実際の仕事で活用できないのです。

ちなみに「セクシー」という言葉の意味ですが、「最高」と同様だと受け止めてください。

「セクシー」がお好みじゃない方は、
「ファンタスティック」でも代用可能です。

この「答えの無いゲーム」の戦い方を、フェルミ推定に投影してみましょう

3つの戦い方をフェルミ推定に当てはめてみると、どうなるのか？
ちょっと詳しくまとめてみたので、ご覧ください。

①「プロセスがセクシー」＝ そのセクシーなプロセスから出てきた答えはセクシー

フェルミ推定において、自分の中で精緻に計算したとしても、そもそもビジネスにおいてフェルミ推定を行った場合、答えが無いわけですから、その答えで判断はできません。ですので、因数分解の立て方や、常識・知識の置き方などのプロセスで評価するしかありません。素敵な「因数分解」で、素敵な「常識・知識」の置き方などでやったのだから、それを通じて出た答えは「素敵だ」と。

違う言い方をすれば、ケース面接で題材となるように問題を、フェルミ推定を行い、そのあとグーグル検索して「値が近かった→デキテイル！」という思考は、ポンコツの極みということになりますよね。本書でも、フェルミ推定してますが、現実の数字を調べて、あえて「調整」してません。「答えの無いゲーム」に慣れてほしいからです。

大事なのはプロセス。

②「2つ以上の選択肢を作り、選ぶ」＝
選択肢の比較感で、“より良い”ものを選ぶしかない

「答えの無いゲーム」ということは、絶対的な基準がありません。ですので、フェルミ推定でも同じことになります。

フェルミ推定で言えば、やはり因数分解がコア。

ですので、「どう因数分解するか？」も2つ以上考えてから選択してください。1個の因数分解を立てて、「これで、計算しました」では、圧倒的にダメなのです。

③「炎上、議論が付き物」＝
議論することが大前提。時には炎上しないと終わらない

「答えの無いゲーム」ということは、キーパーソン（クライアントだったり、上司だったり）が「ピンときた！」「納得感ある！」と感じてくれたら、そこで終わりとなります。

ですので、それを醸成するための議論はマストです。そして必要があれば、喧々諤々の議論という“炎上”があってこそ、本当の意味で納得ということになります。

つまり、フェルミ推定の最大の目的は、「値を出すこと」ではなく、「議論の俎上」を作ることに軸足がなければダメなのです。

ちなみに、「炎上」とはSNSの炎上ではなく、「議論が紛糾」をキャッチ－に表現したものですからね。コンサル用語で言う「プロジェクトが炎上」に近い使い方です。

それでは最後に、極めるコツを1つ教えて1-02を締めましょうか。

フェルミ推定は「答えの無いゲーム」です。
実践するときも、この言葉を口ずさんでください！

03 フェルミ推定＝「因数分解＋値＋話し方」

フェルミ推定を「因数分解」すると、構成要素が見えてきます

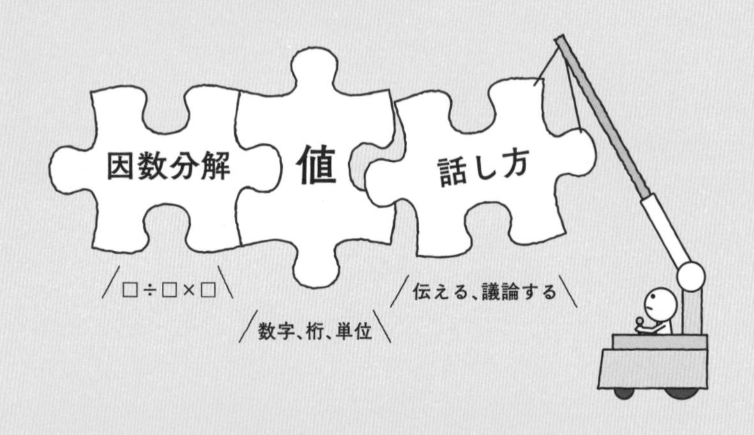

フェルミ推定＝【因数分解】＋【値】＋【話し方】

フェルミ推定を因数分解すると、このように3つの因数＝構成要素に分解できちゃいます。そして、それぞれを技術として習得すれば、フェルミ推定を正しいプロセスで行えるようになるのです。もちろん本書も、この構成に則って進んで行きます。

因数分解＝第3章
値の作り方＝第4章
話し方＝第5章

ちなみに、僕のお気に入りは「第5章」です。

なお、第1章と第2章ではフェルミ推定の世界をじっくりと体感して欲しいので、技術論はあえて第3章からとしています。回りくどいかもしれませんが、本当の意味での「フェルミ推定」マスターになるための大切な助走ということで、ぜひお付き合いくださいね。

ところで、フェルミ推定を学ぶ過程で、上記3つの要素を同時に習得しようとする方が多いのですが、僕はお勧めしません。

なぜなら、「因数分解」を学んでいるときは「値」の正しさが気になり、「値」を学んでいると思ったら「因数分解」が気になり始める。そして、算出したら終わりにしてしまい、「話し方」は勉強しない。

そんな最悪の展開になってしまうリスクが高いからです。

そして、それだと決して「探究」できず、
浅すぎる理解で終わってしまいます。

ですので、以下3つの塊を大事にしていきましょう。

- 因数分解＝「構造」「因数」「ドライバー」「KPI」
- 値＝「中身」「数字」「桁」「単位」
- 話し方＝「伝える」「議論する」

04 フェルミ推定 ＝「現実の投影」

フェルミ推定は机上の空論でなく、「現実の世界」の切り取りです

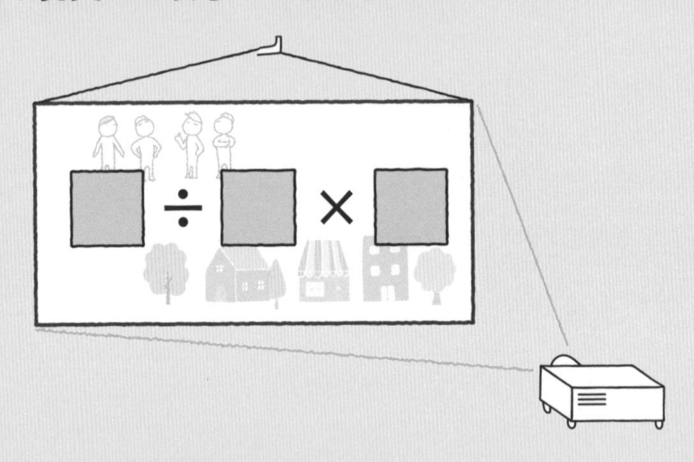

フェルミ推定＝現実の投影

少し耳慣れない言葉かもしれませんが、「答えの無いゲーム」と双璧を成すと言っていいほど、重要な捉え方になります。

具体的な例で説明させてください。

? マッサージチェアの市場規模はどのくらいか？

では、因数分解をしてみましょう。とは言え、因数分解のやり方はまだ説明していないので、「そういうふうに、現実を投影していくのね」というのを感じていただくだけで大吉です。そして、因数分解の変化＝進化を見ながら、現実の投影を感じてみてくださいね。

「現実の投影」をされていないマッサージチェアの市場規模の因数分解
＝【旅館などのマッサージチェアを保有する施設】
×【マッサージチェアの単価】

仮に「マッサージチェアの市場規模」の因数分解がこうなるとしたら、どのようにマッサージチェアが社会に根付いていると想定できるでしょうか？

僕には、次のような社会だと想定できます。

- マッサージチェアは旅館に「1つ」となり、男性・女性それぞれの大浴場の着替え場に置いておらず（1つしかないから）、旅館の入口近くのスペースに置いてある
- しかも毎日、何十回も使われるため、毎年「買い替える」（耐用年数で割られていない）

とすると、私が住んでいる日本とは異なりますね。日本のマッサージチェア市場という意味では不十分。現実が投影されていないことになります。

今度は逆に、日本におけるマッサージチェアは、どのように使われているのかを考えてみましょう。僕の常識・知識では、次のようになります。

- マッサージチェアは旅館に「2つ以上」あり、男性・女性それぞれの大浴場の着替え場に最低2つは置いてある
- ほとんど使われていないため、数年、いや5〜10年に一度「買い替える」

この「現実」を因数分解に投影すると、どうなるでしょうか？

次の2つの因数分解を見比べていただくと、その差が見て取れると思います。

「現実の投影」をされた、マッサージチェアの市場規模の因数分解
＝【旅館などのマッサージチェアを保有する施設の数】
×【1施設にあるマッサージチェア数】÷【耐用年数】
×【マッサージチェアの単価】

いかがでしょうか？

このように、「より、現実に近づけること」を、「現実の投影」と呼んでいます。

05 フェルミ推定＝「ビジネスモデルの反映」

「現実の投影」の次は、「ビジネスモデルの反映」を学んでいただきます

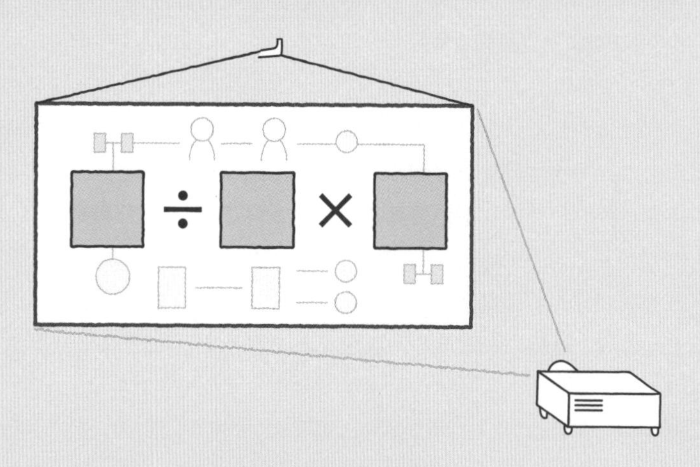

フェルミ推定＝ビジネスモデルの反映

「現実の投影」に包含されるのですが、「ビジネスモデルの反映」は大事なので、あえて括り出して丁寧に説明させてください。

次のようなお題があったとします。

？ あるカフェの売上を推定しなさい。

まずは、因数分解です。

あるカフェの売上
＝【1日のお客様の数】×【客単価】×「365日」

先ほど解説した「現実の投影」と、頭の使い方は同じです。そして今度は、「現実」ではなく対象の「ビジネスモデル」に注目することになります。

上記の因数分解から、このカフェはスターバックスのような「普通」のカフェであると想像ができますよね。

では、次の因数分解を見てください。

あるカフェの売上
＝【会員数】×【月額会費】×「12か月」

今度は、カフェはカフェでも普通のカフェではなさそうに思えます。普通のカフェとは異なるビジネスモデルで運営されていることが想像できます。おそらく、最近ではたまに見かける「月額飲み放題カフェ」なのでしょう。この頭の使い方が、因数分解の神髄へとつながっていくのです（詳しくは第3章で！）。

それでは、最後にもの凄く大事なことを言って、1-05を締めたいと思います。

因数分解すればいい！と算数的に考えるのではなく、

ビジネスモデルはどうなっているのか？
までを考えた上で因数分解するのが大吉。

皆さんも、因数分解バカに陥らないように。

*なお、「とにかく因数分解を細かくしたら良い」と、思考停止してしまった残念な人のことを、本書では「因数分解バカ」と呼んでいます。

06 フェルミ推定＝「コロナ前後でも変わる」

フェルミ推定の世界も、コロナの影響を受けてしまうのです

フェルミ推定＝コロナ前後でも変わる

フェルミ推定には現実が投影され、ビジネスモデルが反映される。ということは、「社会の変化」も反映されることになります。

具具体例で説明しましょう。

> **？** 原宿にある、とあるタピオカ屋さんの1日の売上を推定してください。

結論から申しますと、同じビジネスモデルであっても、社会の変化＝コロナによる景気の良し悪しで、なんと因数分解も変わります。

コロナ前、それもタピオカブームのど真ん中の時を想像してください。

◉コロナ前のタピオカ屋さん

ある原宿にあるタピオカ屋さんの1日の売上
＝【レジの数】×【1時間で捌ける人数】×【営業時間】×【単価】

コロナ前ですから、原宿のタピオカ屋さんは営業時間中、いつ行っても列をなし、まさに満員御礼。とすれば、スタッフも大忙しで、売上は「1時間に何人のお客さんを捌けるのか？」と相関、因数分解も【1時間でさばける人数】をベースに因数分解を構築することになります。

一方で、コロナ後はどのような因数分解になるのでしょうか？

やってみましょう。

◉コロナ後のタピオカ屋さん

ある原宿にあるタピオカ屋さんの1日の売上
＝【そのお店の前を通る人の数】×【タピオカを買う人の割合】
×【単価】

まさに、「社会の変化」が如実に表れた因数分解になっています。

いくら1時間に○○人捌けるといっても、お客さんが来なければ始まらないわけですから、因数分解も変わってくるのが当たり前。当然、売上は「1時間に何人のお客さんを捌けるのか？」には相関せず、「そのお店の前を何人が通るのか？」により相関することになります。

フェルミ推定は、ありとあらゆる「現実」を投影します。

フェルミ推定＝ビジネスモデルの反映
フェルミ推定＝コロナ前後でも変わる＝社会の変化を反映

ところで、いないとは思いますが、もしも「フェルミ推定は因数分解すれば良い！」などと考えていた人がいたら、大いに反省、ではなかった、大いに「成長」してください。

因数分解バカとはさようならです。

「社会の変化」も練りこむ姿勢がビジネスには重要です

少し視座を上げますと、この「社会の変化」を捉えて因数分解に反映する！という思考は、「未来を司る」戦略を練り上げる時にキーとなります。

今年と来年が「全く同じ」社会ということは絶対にありません。もちろん、コロナ前後ほど変わることはそうそう無いと信じたいですが、変化します。

故に、

「去年と一緒でしょ!」と“思考停止”せずに、エネルギーを燃やして「何が去年と変わっているだろうか?」と思索する姿勢

これがベースにないと、できない所業なのです。

もう皆さんはお分かりだと思いますが、年々「答えの無いゲーム」が増えております。

ぜひとも、“思考停止”せず変化する社会に楽しんで立ち向かいましょう！

07 フェルミ推定＝「値」ではなく、その裏にある「考え方」「働き方」で勝負

「答えの無いゲーム」だから、セクシーなプロセスで勝負しましょう

フェルミ推定＝「値」ではなく、その裏にある「考え方」「働き方」で勝負する

フェルミ推定＝「答えの無いゲーム」について、さらにもう一段、説明させてください。

「答えの無いゲーム」の戦い方は3つある、という話を前にしましたよね。忘れてしまいましたか？　わざわざ、前のページに戻ってもらうのも粋じゃないので、再掲しておきます。

①「プロセスがセクシー」＝
そのセクシーなプロセスから出てきた答えはセクシー
②「2つ以上の選択肢を作り、選ぶ」＝
選択肢の比較感で、“より良い”ものを選ぶしかない
③「炎上、議論が付き物」＝
議論することが大前提。時には炎上しないと終わらない

フェルミ推定は、プロセスがセクシーじゃないと始まらないし、終わりません。

具体例で説明しましょう。

クライアントから、次のように言われたとします。

？ ある新しい商品のポテンシャル市場について、推計してください。

未知の数字を作るわけですから、それはまさに「答えの無いゲーム」です。

さて、クライアントは何をもって「ピンときた！納得した！」となってくれるのでしょうか？

早くも正解を言ってしまいますが、

算出された「値」ではなく、そこまでに至った僕らの「考え方」であり、所作も含めた「働き方」のセクシーさ　=「ここまでちゃんと考えて、きっちり仕上げてくれた、一つひとつの行動」を信頼し、その結果として「納得した」となる！

こうなりますよね。

つまり、「値」がクライアントの想定と近かったかどうかで判断されるわけではないのです。

ではここで、少し視座を上げて、実際のフェルミ推定の解き方の、どの部分に「セクシーさ」を感じるのかについて、具体例を3つほど見ていただきたいと思います。

①因数分解を2つ以上挙げて選択している

難題が仕事で生じたとき、「思いついたやり方」や「過去の方法」に飛びつくのではなく、2つ以上のやり方を模索し、その上で最適な方法を選択する働き方ができる。

②ただただ因数分解するのではなく、論点となる部分を因数分解している

複数のタスクが振られたとき、「やりやすいもの」や「簡単に終わるもの」に飛びつくのではなく、重要性や緊急性などを考え、自ら優先順位付けして工数に濃淡がつけられる働き方ができる。

③フェルミ推定しっぱなしではなく、リアリティチェックをしている

問題を解決する際に、「1つのやり方」や「誰か1人の意見」に飛びつくのではなく、いったん答えを出した上で、いわゆるセカンドオピニオンを取りに行き、確からしさを高める働き方ができる。

このように、フェルミ推定の因数分解の選び方一つとっても、その背景に隠された崇高な考え方にクライアントは信頼を寄せるのです。

08 フェルミ推定＝「ケース面接」

フェルミ推定が伝統的に「ケース面接」で出題されるのはなぜでしょうか？

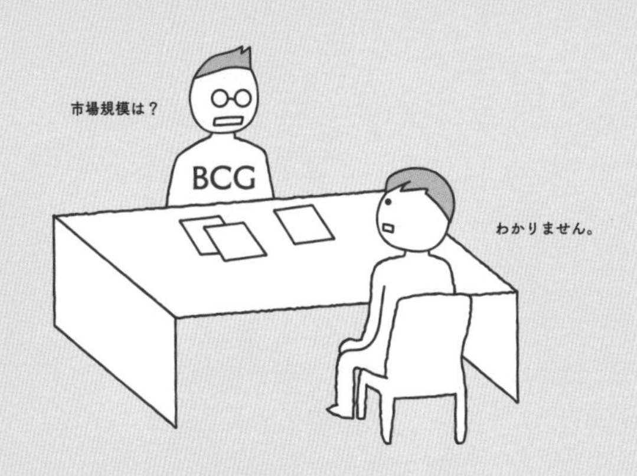

フェルミ推定＝ケース面接

フェルミ推定は、コンサル転職の面接で出題されます。コンサルではプロジェクトのことを「ケース」と呼ぶこともあり、面接自体のことを「ケース面接」と呼んでいます。そのケース面接で、最も出題/活用されているのがこのフェルミ推定なのです。

では、フェルミ推定では何が見られているのでしょうか？

まずは、皆さんが抱きがちな誤解について説明しておきましょう。

フェルミ推定は、因数分解をしたり、計算をすることから、「計算のスピード」や「ロジカルシンキング」を試すために採用されていると思っている方が多い。そして実際、面接官の中にもそう思っている人がいて、それを重視した面接をしてしまう場合もあるかもしれないです。

でも、本来は違います。

皆さんは既に、フェルミ推定を色々な角度から見てきましたから、「計算力だけじゃないよね？」という感覚はお持ちかと思います。

フェルミ推定　＝（　　　　　）

今まで説明してきた（括弧）とセットで、「具体的にどのような能力を見極めているのか？」を説明させてください。

以下、面接官が見ている論点と、フェルミ推定の定義との関連をまとめてみました。

・フェルミ推定 ＝「ロジック＋常識・知識」
当然、最低限の「ロジック」を有しているか？

・フェルミ推定 ＝「答えの無いゲーム」
コンサルタントは「企業が抱える課題」に真っ向から立ち向かう。その課題は「ぱっと答えが出る」ことはなく、まさに「答えの無いゲーム」の戦いができるか？素養があるか？

・フェルミ推定 ＝「現実の投影」
物事を解決する上で「机上の空論」ではなく、「現実に即したリアル」に考えることができるか？

・フェルミ推定 ＝「ビジネスモデルの反映」
物事をとらえる時に、「表面的」ではなく「裏の仕組み」まで興味を持ち、考えを巡らすことができるか？

・フェルミ推定 =「値＜“考え方”→“働き方”」
コンサルタントとして求められる「セクシー」な働き方のベースを身につけているか？

以上、いかがでしょうか？
まさに、ありとあらゆる角度で、フェルミ推定を通して判断しているのです。

09 フェルミ推定 =「ロマン」

フェルミ推定に感じてきていますよね？
ロマン・奥深さにハマる予感

フェルミ推定=ロマン

ここまで、フェルミ推定を多面的に理解することで、まさに「これを極められたら、何かが変わる！」というロマンを感じてくれたことだと思います。そして、ここでは第1章の締めということで、ある題材を通して僕が思う「ロマン」の例を説明させてください。

貴方は会議室に通された。ドキドキした面持ちで、歩いていた。
そう、今日はコンサルティングファームの面接、それも1回目だ。
会議室に入ると、重厚なテーブルに椅子が4つ。
上座の席を勧められ、そこにはエビアンが置かれていた。
「少しお待ちください」と受付の方に言われ、待つこと5分。

コンコンというノックとともに、面接官の方が現れた。
少しのアイスブレイクをした後、
「では、早速、ケース面接に入りましょう。そうですね、お題はこうしましょう。この会議室にいくつサッカーボールが入りますか？です。5分差し上げますので、考えてください。どうぞ。」
と言うと、面接官はおもむろに立ち、会議室を後にしたのだった。

あえてロマン調に書きましたが、要は「よくある会議室の中に、サッカーボールはいくつ入りますか？」という、普通の問題です。

皆さんなら、どんな感じでフェルミ推定しますか？

実際に考えてみた後に先を読み進めていただけると、よりロマンを感じていただけるかと思います。

では、1つの回答例を見ていただきます！

サッカーボールは2万個、入ります。
どうやって計算したかというと、素直に
【部屋の大きさ、容積】÷【1つのサッカーボールの体積】
で考えます。
それぞれ、320㎥、0.014㎥で、単純計算で22,857個となります。
ざっくり、2万個です。
それぞれの具体的な計算方法を説明します。
【部屋の大きさ、容積】は、当然、【タテ】×【ヨコ】×【高さ】で、10メートル、8メートル、4メートルとなり、320㎥。
【1つのサッカーボールの体積】は、
算数だから【4πr3乗/3】で出します。
サッカーボールの半径は15センチで、
計算すると14,130㎤ですので、0.014㎥。
よって、320㎥÷0.014㎥となり、22,857個となります。

さて、一見するとこの回答、正しいように見えるかもしれません・・・が、結論から言うとダメ。それどころか、非常に「気持ち悪い」回答になってしまっております。

なぜか？

説明しやすいように、次のようにします。

【部屋の大きさ、容積】＝X

【1つのサッカーボールの体積】＝Y

そうすると、次のようになりますよね。

「この会議室にサッカーボールはいくつ入るか？」＝X/Y

先ほどの回答には、「気持ち悪い」部分があると言いましたよね。

では、説明させてください。

Y=【1つのサッカーボールの体積】

これを、

【4πr3乗/3】を使って精緻に計算

X＝【部屋の大きさ、容積】は【タテ】×【ヨコ】×【高さ】

これで単純計算され、会議室にあるテーブルや椅子の体積を引いておらず、粗く計算されており、分母と分子の「計算の仕方の“粒度”」が、アベコベになってしまっている。

これです。これが気持ち悪いのです。

フェルミ推定には、ただただ細かくしたほうが良いというわけではない、というロマンがあります。ですので、このアベコベを是正し、「精緻に計算するやり方」と「ざっくり計算するやり方」の両方をお見せしたいと思います。

◉精緻に計算するやり方

この会議室に入るサッカーボールの数
=（【部屋の大きさ、容積】－【会議室内のテーブル、椅子の容積】）
÷【1つのサッカーボールの体積】
=（X－Z）÷Y
Z=会議室内のテーブル、椅子の容積

◉ざっくり計算するやり方

この会議室に入るサッカーボールの数
=【部屋の大きさ、容積】÷【1つのサッカーボールの体積】
=X÷Y'
Y'=サッカーボールを「立方体」と考えて、【4πr3乗/3】を使わず、
単純に【タテ】×【ヨコ】×【高さ】で計算

もう少し言えば、【部屋の大きさ、容積】を出す際の【タテ】【ヨコ】【高さ】の数字の置き方も、このパターンは「ざっくり」で統一されていなければならないので、「8」とか「4」とかキリの悪い数字は使わず、「10」や「5」を使うべきなのです。

では、ケース面接で出題された場合、どう計算するのが正解なのでしょうか？

ケース面接という意味で、「この会議室にサッカーボールはいくつ入るか？」という問題を出された時は、「相手が何を最初に確かめたいのか？＝論点とするのか？」によってやり方を選択すべきです。論点を置くからこそ、それに向かって切れ味溢れる回答ができるのです。ですので、論点の置き方しだいで、どっちの回答も正解になり得てしまいます。

面接官の最初の論点＝「貴方は、精緻に計算できるだけの、ロジック・計算力を有しているか？」であれば当然、次のようになります。

この会議室に入るサッカーボールの数
＝（【部屋の大きさ、容積】－【会議室内のテーブル、椅子の容積】）
÷【1つのサッカーボールの体積】

あるいは、面接官の最初の論点＝「貴方は正しい情報が無い中、自分で仮定を置いて考えを進められるか？」であった場合は、次のようになります。

この会議室に入るサッカーボールの数
＝【部屋の大きさ、容積】÷【1つのサッカーボールの体積】

更に、これがコンサルティングファームの中でも、よりクリエイティブな領域に強みがある会社であれば、面接官の最初の論点＝「貴方は、ユニークな回答ができるのか？」となり、当然、回答は変わってきます。

この会議室に入るサッカーボールは「1つ」です。ワールドカップ開催中に渋谷の109前に置かれるような、大きなサッカーボールが1つ入ります。

この会議室に入るサッカーボールは「100万個」です。サッカーボールを深海に落として圧縮された状態にした上で、いっぱい詰め込みますので、100万個は入るかと思います。

このようなユニークな回答が、面接官の論点に沿った答えとなるわけです。

フェルミ推定1つ取っても、面接官の論点までも考えて回答することで初めて、「気持ちが良い」答えになります。

実に、ロマンがあると思いませんか？

このフェルミ推定を、皆さんも自分自身でできるようになったらと考えると、ワクワクしてきませんか？

以上、フェルミ推定の奥深さとロマンをご理解いただけたところで、この章は終わりとします。

そして次の第2章では、実問題を使って、本当の意味でセクシーな解き方、そして頭の使い方を体感・感動していただきたいと思います！

第2章

フェルミ推定の痛快「解法」ストーリー

フェルミ推定の奥深さに触れていただいた後は、皆さんをお連れする「到達点=ここまで、フェルミ推定を理解しできるようになってほしい」という水準を体感していただきます。「ケース面接のためのフェルミ推定」ではなく、コンサルタントのフェルミ推定、ビジネスに応用できるレベルでの「フェルミ推定の解法」を8つ、紹介させてください。

実践的な技術については、第3章以降で丁寧に解説します。だからここでは、技術よりもまず、フェルミ推定の最高峰の「景色」をご堪能ください。理解することよりも楽しむこと。それが第2章のメインテーマです。

01 「マッサージチェアの市場規模は?」を解く-「ストックとフロー」を行き来

これから皆さんが学ぶ「フェルミ推定の技術」を実体験していただきます。目指す到達点の解法をご覧ください

第2章では、「実際にどう解くのか？」「どう頭を使うのか？」について、8問の例題を解きながら説明させてください。そしてまずは、「マッサージチェアの市場規模は？」というお題を、フェルミ推定の技術を駆使して解いてみたいと思います。そして、全体的な流れを把握してもらうとともに、「ここまで深く考えて、フェルミ推定を行うんだ！」ということを胸に刻んでいただきます。

あらためて、お題はこちらです↓

? マッサージチェアの市場規模を推定してください。

まず、市場規模とは「年間売上」を指します。そして、ここは日本ですので、特に注釈がない場合は「日本における」と解釈いただければと思います。ただ、これが世界になっても、フェルミ推定の技術は変わりません（もちろん、土地勘がなくなりますから、フェルミ推定自体の難易度は上がりますが）。

読み替えると、「マッサージチェアが1年間でどれだけ、買われているのか？」となります。

では、本書で伝授させていただくフェルミ推定の技術をフル回転、フルスロットルで駆動させた解法を読み進めてください。本当は目の前で、1対1の熱い講義をしたいところですが、そうもいかないため、ま

るで目の前で語っているかのような実況中継風で参ります。
さて、素直に因数分解すると次のようになりますよね。

マッサージチェアの市場規模
＝【マッサージチェアを1年間で購入する人の数】
×【マッサージチェア1台の単価】

「マッサージチェア市場」のままだと考えづらいので、1回、因数分解をしてみました。いわゆる「量」×「単価」でございます。
ちなみにですが、通常では「単価」×「量」の方が心地良いという方も多いでしょう。しかし、フェルミ推定においては「単価」よりも「量」の方が論点になる＝「議論になる、細かく因数分解する」ことが多いため、この順番にしています。

それでは、因数分解を進めていきましょう。「量」×「単価」という“ざっくり”因数分解を、更に因数分解してみます。なお、吸収力を高めるために、因数分解を上下に並べて「どこが更に分解されたのか？」を分かりやすくしております。

マッサージチェアの市場規模
＝【マッサージチェアを1年間で購入する人の数】
×【マッサージチェア1台の単価】
＝【マッサージチェアを保有している人の数】÷【耐用年数】
×【マッサージチェア1台の単価】

さて、【マッサージチェアを1年間で購入する人の数】を求めたい。求めたいけど、「この1年間」で買った人の数をダイレクトに算出するのは難しい。他の方法はないだろうか？算出しやすい方法はないのだろうか？と感じて、頭を使ってほしい。そしてその部分にこそ、フェルミ推定の技術を使っていただきたいのです。

ダイレクトに「1年間に買った人の数」を算出するよりも、この時点では【マッサージチェアを保有している人の数】の方が算出しやすいですよね。

◉扱いやすい形への進化

【マッサージチェアを1年間で購入する人の数】
↓
【マッサージチェアを保有している人の数】

でも、最終的には【マッサージチェアを1年間で購入する人の数】を算出したい。ここでも、フェルミ推定の技術を使います。

【1年間で購入する人】（フローベース）
＝【保有する人】÷【耐用年数】（ストックベース）

【耐用年数】＝“何年に1度、買い替える”（壊れる）という概念を使い、「ストック（保有）」を「フロー（購入）」に転換するのです。これを、本書では「ストックとフローを行き来」と名付けています。

では、実際に「値」を作っていきましょう！

フェルミ推定の解法を説明するにあたり、「因数分解」→「値の作り方」になりますので、そのリズムで読んでください。実際に、皆さんが解く時もこの「因数分解」→「値の作り方」のリズムになります。

ざっくり数字を置いてしまえば、次のようになります。

マッサージチェアの市場規模
＝【保有されているマッサージチェアの数】÷【耐用年数】
×【マッサージチェア1台の単価】

＝10万個÷10年×50万円
＝50億円

ということで、50億円だ！と一服したいところですが、そうはいきません。なぜなら、【保有されているマッサージチェアの数】を「勘」で10万個としてしまっているではありませんか！

これではこの数字を信じることができませんし、少しコンサル用語・ビジネス用語で表現させていただければ「気持ち悪い」のです（「この値は気持ち悪い」「その数字の出し方は気持ち悪い」という意味の表現です）。

では、“気持ち悪い”数字である、【マッサージチェアを保有している人の数】について、更に因数分解をしていきたいと思います。

「マッサージチェア」は、誰がどこに保有していますか？

現実の投影ということで、実際に「椅子型の」「あの大きい」マッサージチェアはどこで見かけるかな？と、自分自身の「常識・知識」に照らしてみてください。

◉法人

・温泉旅館の「大浴場」の、リラックススペース
・空港などの「待合」スペース

◉個人（実際に見たことはないけど）

・昔ながらの一軒家（おじいちゃんの家とかにありそう）

全て計算してもいいのですが、まずは一番大きい塊である「温泉旅館」を考えてみましょう。あとの「空港の待合スペース」「一軒家」は少なそうなんで、いったん外しておきます。

では、この現実を因数分解に反映させてみます。

マッサージチェアの市場規模
=【旅館などのマッサージチェアを保有する施設の数】
×【1施設にあるマッサージチェア数】÷【耐用年数】
×【マッサージチェアの単価】

ざっくりと数字を置いてしまえば、次のようになります。

マッサージチェアの市場規模
=【旅館などのマッサージチェアを保有する施設の数】
×【1施設にあるマッサージチェア数】÷【耐用年数】
×【マッサージチェアの単価】
=3万施設×4台÷10年×50万
=60億円

はい、できあがりです。

と言いたいところですが、まだこれを「答え」とはできません。今ひとつ、ピンとこない人も多いのではないでしょうか？

では、おそらく皆さんが「ピンとこない」と感じたであろう部分を、更に因数分解していきたいと思います。

ピンとこないのは、【旅館などのマッサージチェアを保有する施設の数】ですよね。

後半のこの部分は↓

×【1施設にあるマッサージチェア数】÷【耐用年数】
×【マッサージチェアの単価】
＝4台÷10年×50万

こんなものかなと思うので、これで良しとしておきましょう。
ということで、更に因数分解していきます。

温泉旅館ってどこにあるっけ?と、思考の体操をしましょう

温泉旅館は、「温泉地」をベースに因数分解をします。

マッサージチェアの市場規模
＝【旅館などのマッサージチェアを保有する施設の数】
×【1施設にあるマッサージチェア数】÷【耐用年数】
×【マッサージチェアの単価】
＝【温泉地の数】×【1つの温泉地の旅館の数】
×【1施設にあるマッサージチェア数】
÷【耐用年数】×【マッサージチェアの単価】

ざっくりと数字を置いてしまえば、次のようになります。

マッサージチェアの市場規模
＝【温泉地の数】×【1つの温泉地の旅館の数】
×【1施設にあるマッサージチェア数】÷【耐用年数】
×【マッサージチェアの単価】
＝100温泉地×200旅館×4台÷10年×50万
=40億円

まだまだ、これで終わりではありません。
もう一段、因数分解していきます。

これが最後の「因数分解」。ここまで分解するから値を置けるのです

更に、【温泉地の数】は論点＝議論になるので、「温泉地はどこにあるか？」をベースに因数分解してみます。

マッサージチェアの市場規模
＝【温泉地の数】×【1つの温泉地の旅館の数】×【1施設にあるマッサージチェア数】÷【耐用年数】×【マッサージチェアの単価】
＝【温泉を売りにしている都道府県数】
×【1つの都道府県にある温泉地数】×【1つの温泉地の旅館の数】
×【1施設にあるマッサージチェア数】÷【耐用年数】
×【マッサージチェアの単価】

いかがでしょうか？ まさに、「未知の数字」を追い求めた冒険をしている感じがしますよね。

気持ち悪い数字を分解しては、「常識・知識」で値を仮置きしていく感じ。

さて、ざっくりと数字を置いてしまうと次のようになります。

マッサージチェアの市場規模
＝【温泉を売りにしている都道府県数】
×【1つの都道府県にある温泉地数】×【1つの温泉地の旅館の数】
×【1施設にあるマッサージチェア数】÷【耐用年数】
×【マッサージチェアの単価】
＝30都道府県×5温泉地×200旅館×4台÷10年×50万
＝60億円

つまり、「マッサージチェアの市場規模」＝60億円となります。

これで完結！ゴールとなります。長かったですね。

でも、最初は見当も付かなかったであろう「マッサージチェアの市場規模」が、フェルミ推定の技術を駆使したら数字を作ることができました。

これが、ビジネスと人生をより明るくするために、皆さんに身につけてほしい「フェルミ推定の技術」なのです。

決して、算数的な因数分解だけじゃなかったでしょう？
感動できたなら、100%身につけられます！

では最後に、覚えてほしいポイントをコンサルらしく3つにまとめておきたいと思います（第2章では、節のラストで必ずこれをやりますよ）。

だから安心して、メモを取るとか気にせず、どんどん読み進めて、最後の「まとめ」で自分が理解できているかどうかをチェックしてください。

● 「体感」し「暗記」してほしいポイント3つ

① 「ストックをフローへ」は「耐用年数」が仲介役
② 「因数分解」は「段階を経て」細かくしていくが大吉
③ 「値」よりも「プロセス」。算出された「値」は参考程度

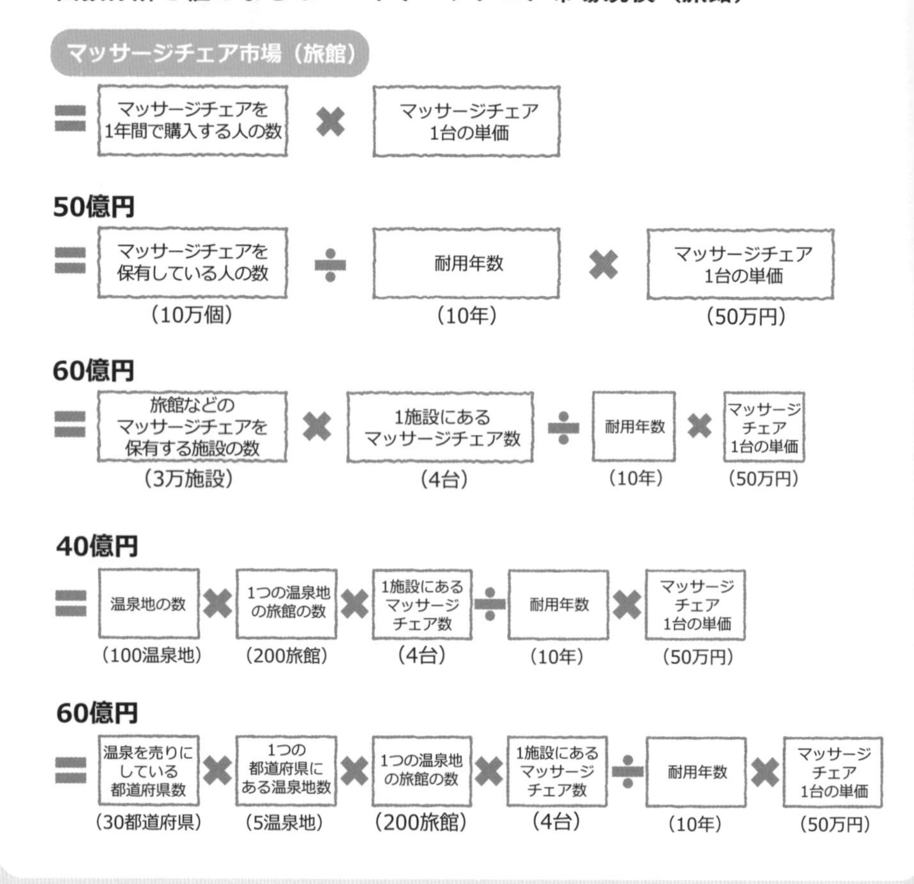

02 「スポーツジムの1店舗の売上は?」を解く -「延べ人数を会員数」に転換

巷に溢れる「スポーツジム」の、一店舗年間売上はどのくらいなのでしょうか?

次のお題はこちらです↓

? スポーツジムの1店舗の売上は?

スポーツジムということで、都内に駅の近くにあるようなゴールドジムやエニタイムのような普通のジムを想像しながら、因数分解していきましょう。

もちろん、ライザップのようなプライベートレッスン中心のスポーツジムなどを思い浮かべても、間違ってはいません。

ただ、1つだけ「思考を巡らせて」ほしいことがあります。
それは「論点の持ち主」が誰なのかということです。

例えば、コンサルタントであれば「クライアント」、ビジネスであれば「上司や、その先の顧客」、ケース面接であれば「面接官」。

その上でライザップを想定したのであれば、もちろんOKです。

では、先に進みます。

因数分解をしてみましょう。

スポーツジムの1店舗の売上
=【1店舗当たり会員数】×【月会費】×「12か月」

このようになります。スポーツジムの「ビジネスモデル」を考えてみても、会員ビジネスですからフィットしていますよね。

更に因数分解。【月会費】はピンとくるから、【会員数】を分解します

「マッサージチェアの１年間の売上」と同じく、「会員数」を直接算出するのは難しいので、今度も「ストックとフローを行き来」を応用していきます。

第２章の出だしにして、フェルミ推定の技術フルスロットルです。

なにせ、この章の目的は１つ！

「フェルミ推定の技術をマスターすると、考える視点が多く、そして深くなる」と感じてもらい、自分も身につけたいと思っていただくこと。

僕は本当に、コンサルタントや「コンサルタントを目指す方」だけでなく、ビジネスパーソン全てに「フェルミ推定の技術」は必要だと思っています。だから、この章でフェルミ推定の技術の“頂上”を感じてもらいたいのです。

話を戻し、【1店舗当たり会員数】を「因数分解」してみます

次のように因数分解できます。

スポーツジムの1店舗の売上
＝【1店舗当たり会員数】×【月会費】×「12か月」
＝【延べ利用者数】÷【利用頻度】×【月会費】×「12か月」

「1か月に、どのくらいの“延べ”利用回数があるか？」を算出し、それを「一人あたり／会員あたり、どのくらい通っているか？」で割ることで、「会員数」に割り戻す形です。
この頭の使い方、セクシーだと思いませんか？
言われてみれば、ですよね。

では、「ざっくり」数字を置いてみましょう

次のようにざっくりと数字を置いてみると、感じるところがありませんか？

スポーツジムの1店舗の売上
＝【延べ利用者数】÷【利用頻度】×【月会費】×「12か月」
＝【5,000人】÷【月4回】×【1万円】×「12か月」
＝1.5億円

「1店舗で1.5億円か。悪くないけど、賃料と人件費を引くとどのくらいの利益が出るのだろうか？」とか。ダイレクトに言えば、「スポーツジム経営に乗り出そうとしている人」であれば、このくらい儲かるかも！という、まさに少し先の未来を見ることができるのです。

いつも通り、気になる部分を分解していきましょう。この繰り返しです

フェルミ推定の技術というくらいですから、ちゃんと「ステップ」が存在します。そのステップと、そのステップでの注意点を守れば、できるようになっております。

では、やっていきましょう。
論点になるのは当然【延べ利用者数】ですので、もう一段、因数分

解していきたいと思います。「どのくらい利用するか？」は「スポーツジムがどのくらい広いのか？」によりますので、スポーツジムのキャパシティをベースに因数分解をしてみます。

スポーツジムの1店舗の売上
＝【延べ利用者数】÷【利用頻度】×【月会費】×「12か月」
＝【スポーツジムのキャパシティ】×【回転数】×【月間営業日数】
÷【利用頻度】×【月会費】×「12か月」

例えば、キャパシティが100人で、1日で3回転していたら、300人が利用したことになります。もちろん、1人が2度使うこともあり得るかもですが、レアケースなので捨象します。

ざっくり言えば、「因数分解」→「値を置く」の繰り返しです

ざっくりと数字を置いてしまえば、次のようになります。

スポーツジムの1店舗の売上
＝【スポーツジムのキャパシティ】×【回転数】×【月間営業日数】
÷【利用頻度】×【月会費】×「12か月」
＝【100人】×【3回転】×【20日】÷【月4回】×【1万円】
×「12か月」
＝1.8億円

少し増えましたよね。

もう一段、因数分解することで議論しやすくなります!

「【延べ利用者数】＝5,000人」で議論するよりも、「【スポーツジムのキャパシティ】＝100人、【回転数】＝3回」で議論した方がやりやすい。

これが、フェルミ推定を極める上で大事な感覚になります。

【延べ利用者数】ベースで、「5,000人も来ているかなぁ？」という議論はしにくいですが、【スポーツジムのキャパシティ】ベースで、「100人くらいは入れるかな？」とか、【回転数】ベースで、「3回転、朝、昼、晩で、各々1回転しているかな？」という議論はしやすいということです。

違う言い方をすれば、スポーツジムに1度でも行ったことがある人であれば、「だいたい、このくらいのキャパシティかな？」とか「混雑状況はこのくらいかな？」という感覚を持っているものです。そのために分解するとも言えます。

これが「因数分解」のさせ方であり、
フェルミ推定の価値になります。

もうお終い?と思いきや、プロは更に因数分解してしまいます

せっかくなのでもう一段、因数分解をお披露目しておきましょう。

スポーツジムの1店舗の売上
=【スポーツジムのキャパシティ】×【回転数】×【月間営業日数】
÷【利用頻度】×【月会費】×「12か月」
=【男性または、女性のロッカー数】×「2（男性,女性)」×【回転数】
×【月間営業日数】÷【利用頻度】×【月会費】×「12か月」

スポーツジムはもちろん、「マシン」などでキャパシティを測ることもできますが、やはりロッカーの方がキャパシティに関連しているかと思います。だからロッカーにしました。

ざっくりと数字を置くと、次のようになります。

スポーツジムの1店舗の売上
=【男性または、女性のロッカー数】×「2（男性,女性)」×【回転数】
×【月間営業日数】÷【利用頻度】×【月会費】×「12か月」
=【40】×「2」×【3】×【20】÷【月4回】×【1万円】
×「12か月」
=1.4億円

いかがでしょうか？

もう一段、因数分解することで、「議論しやすくなる」が繰り返されます。先ほどと同じように議論がしやすくなっているのです。

「【スポーツジムのキャパシティ】＝100人」で議論するよりも、「【男性または、女性のロッカー数】＝40人」の方が、今までの常識・知識を使えますし、仮に議論する相手が小さめのジムを想起していたら、そこを調整する議論をしたら良いのです。

このように、フェルミ推定は「因数分解→値を置く→更に因数分解」を繰り返すことで、議論しやすい形に進化させていきます。

実に、面白くないですか？

◉「体感」し「暗記」してほしいポイント3つ

①「因数分解→値を置く→更に因数分解」の繰り返し
②「因数分解」が「議論しやすくなる」は大吉
③「ストックをフローへ」は「利用頻度」が仲介役

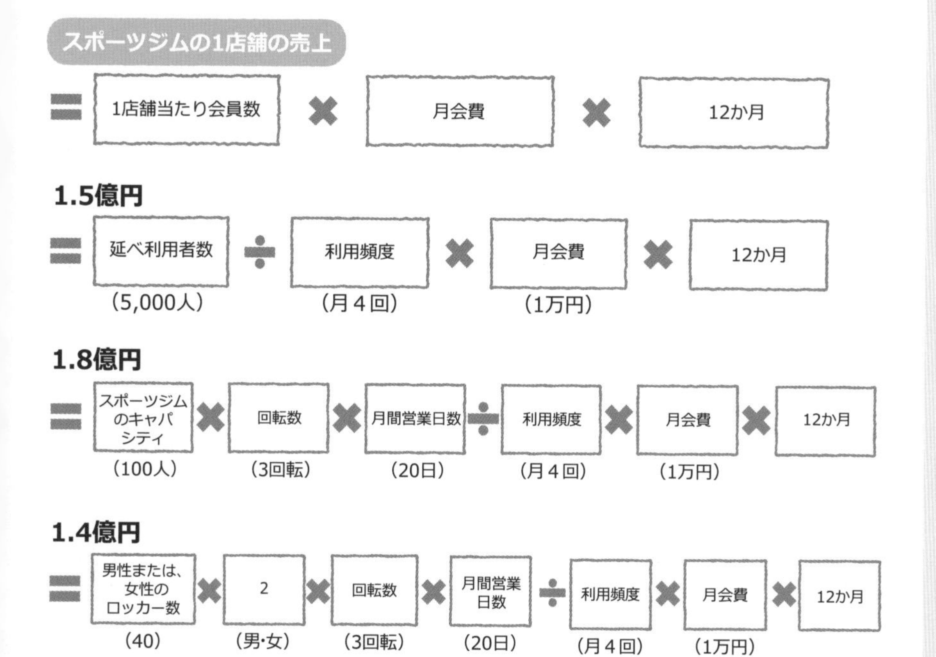

03 「バスケットボール人口は？」を解く－「誰も思いつかない方法」がそこに

因数分解の仕方で勝敗が決するときもあります

皆さん、そろそろフェルミ推定にハマってきたのではないですか？

本書を読む前は「フェルミ推定なんて、計算ばっかでつまらない」思っていた人が、「え？こんなに奥が深くて面白いの！」となってくれていると、僕は大変嬉しいです。

もちろん、更に「感動」していただきますよ。

お題はこちらです↓

？ バスケットボール人口は？

まずは凡庸でポンコツな因数分解からご賞味ください

この問題を出題すると、ほとんどの方が次のような因数分解を思い浮かべます。

バスケットボール人口
＝【スポーツができる対象年齢人口】
　×【バスケットボールを趣味に選ぶ割合】

これにざっくりと数字を入れると、次のようになるわけですが、

バスケットボール人口
=【スポーツができる対象年齢人口】
×【バスケットボールを趣味に選ぶ割合】
=【8千万人】×【1%】
=80万人

まさに、巷に溢れる典型的な「ポンコツ」フェルミ推定だと言えます。正直、このようなフェルミ推定が蔓延っているからこそ、僕はこの本を書きたかったとも言える典型的な回答なんです。

つまり、これだと話になりません。

なぜ、ポンコツ? 一見すると良さそうに見えますよね?

なぜポンコツなのか?

それは、「【バスケットボールを趣味に選ぶ割合】=1%」と言われても、議論できないからです。

想像してみてください。バスケットボール関係の新しいビジネスを考えており、部下に「まず、バスケットボール人口について推定してみてよ」とお願いしたとします。そして1時間後、部下に「バスケットボールを趣味に選ぶ割合は1%として、80万人です」と言われたら?

おー、1%って、そんな感じする!
1%か2%かと言われれば、1%だわ!

なんて、なりませんよね。そんな、誤差みたいな数字の差にピンとくる人なんて、この世にほとんどいません。

大事なので、もう少し説明しますね。

この1%という1桁の割合の数字が非常に、フェルミ推定では“やっかい”なのです。なぜなら、1%を2%と「+1%」しただけで、全体の値は倍になってしまうにも関わらず、「倍の肌感覚」を持ってないからです。

フェルミ推定は「答えの無いゲーム」だからこそ、こういう「扱いづらい=+1%で、結果が倍！」という数字は、極力避けねばなりません。

だって、その倍で、ビジネスで言えば
大きな意思決定のミスにつながってしまいますからね。

「セクシー」な因数分解をご紹介します！

では、どう因数分解すればいいのでしょうか？

それは、バスケットボールというスポーツの特性を考えてみることです。

バスケットボールは1人でプレイできないし、1人では楽しくありません。漫画『スラムダンク』の“福ちゃん”も、1人でバスケットボールしてつまらなそうでしたよね。でも、陵南のバスケットボール部に入り、楽しそうでしたよね（『スラムダンク』を知らない人、ごめんなさいしてください。井上先生に）。

まさに、それが因数分解の仕方のヒントなのです。

当然、チームスポーツですから、チームに所属するのがバスケットの楽しみ方になります。ですので、部活やサークルなどのコミュニティをベースに因数分解を構成していけば、セクシーなのです。

実際にやってみると、次のようになります。

バスケットボール人口
=【部活やサークルなどのコミュニティの数】
×【1つのコミュニティに所属する人数】

ざっくりと数字を置くと、次のようになります。

バスケットボール人口
=【部活やサークルなどのコミュニティの数】
×【1つのコミュニティに所属する人数】
=【3万コミュニティ】×【20人】
=60万人

あとは、更に精緻にしたいのであれば、【部活やサークルなどのコミュニティの数】を【小学校の数】から始まり【中学校】【高校】と分解し、それぞれに【部活数】を掛ければ良いし、【大学数】も出して【サークル数+部活数】を掛ければなお良いでしょう。

学生バスケット人口はOKとなれば、今度は「社会人」です

実は、更にもう1つ、大きな「気持ち悪さ」が残っています。気持ち悪いというのは、「なんか精緻じゃなさそう」という感じの意味です。

それは、「社会人もバスケットボールします!」という部分です。この現実を投影しないと、心地良い数字にはなりませんよね。

社会人もコミュニティベースということで、地域に根差した「社会人バスケットボールチーム」などから算出することは可能です。でも、そこまで「がっつりバスケをしている人」は捉えられますが、「年に1回か2回しかしないけど、でもバスケットボールは好き!」という人は捉えられません。

これが、「フェルミ推定は現実の投影」と申したところでございます。

では、どういうやり方なら良いのか？
社会人については、次のように考えていきます。

- 社会人でバスケットボールを趣味にしている人は、学生時代から続けている人がほとんど
- テニスやフットサルならまだしも、相対的にマイナーなバスケットボールを、社会人になってゼロから始めている人は、かなりレアケース

このような点に目をつけて、因数分解を行っていくのです。

こうやって、「社会人」バスケットボール人口を算出します！

まずは、次のようにカテゴリー分けをします。

バスケットボール人口
＝【学生のバスケットボール人口】
＋【社会人のバスケットボール人口】

そして、次のように考えます。

【学生のバスケットボール人口】
＝【部活やサークルなどのコミュニティの数】
×【1つのコミュニティに所属する人数】

ここまでは、先ほどに説明した通りですよね。
ここからが「社会人」です。

【社会人のバスケットボール人口】
=【学生最後の年にバスケットボールをした人の数】
×【最大でバスケットボールをやれる期間】
×【バスケットボール離脱しない率】

いかがでしょうか?

このようにすれば、美しい因数分解になります。

大学を卒業して、すぐは仲間と体育館を借りる。もう少し本気なら地域の、会社のバスケットボールチームに所属しながらバスケットボールを楽しむ。でも、年を重ねるにつれてバスケットボールをやめていく。

そんな流れを、因数分解に反映したことになります。

恒例「ざっくりと数字を置く」の時間です

ざっくりと数字を置いてみると、次のようになります。

【学生のバスケットボール人口】
=【部活やサークルなどのコミュニティの数】
×【1つのコミュニティに所属する人数】
=【3万コミュニティ】×【20人】
=60万人

【社会人のバスケットボール人口】
=【学生最後の年にバスケットボールをした人の数】
×【最大でバスケットボールをやれる期間】
×【バスケットボール離脱しない率】
=【1万人】×【20年】×【50%】
=10万人

では、この2つを単純に足し算してみましょう。

バスケットボール人口
=【学生のバスケットボール人口】
+【社会人のバスケットボール人口】
=【60万人】+【10万人】
=70万人

このようになります。

「20年」としたのは、バスケットボールは45歳くらいまではできるという印象からです。もう少し詳しく説明すると、「野球、バスケットボール、サッカー、ゴルフを比較すると、1番長いのはゴルフで短いのがサッカーという印象なので、ゴルフを35年、サッカーを15年と考え、バスケットボールを20年と置いた」ということになります。

◉「体感」し「暗記」してほしいポイント3つ

①「バスケットボール」など扱うテーマの「特性」（＝チームスポーツ）までも捉えて、因数分解を選択する
②「1桁の割合（%）」を扱いだした瞬間、危険信号となる
③「フェルミ推定の技術」は最高にワクワクする！

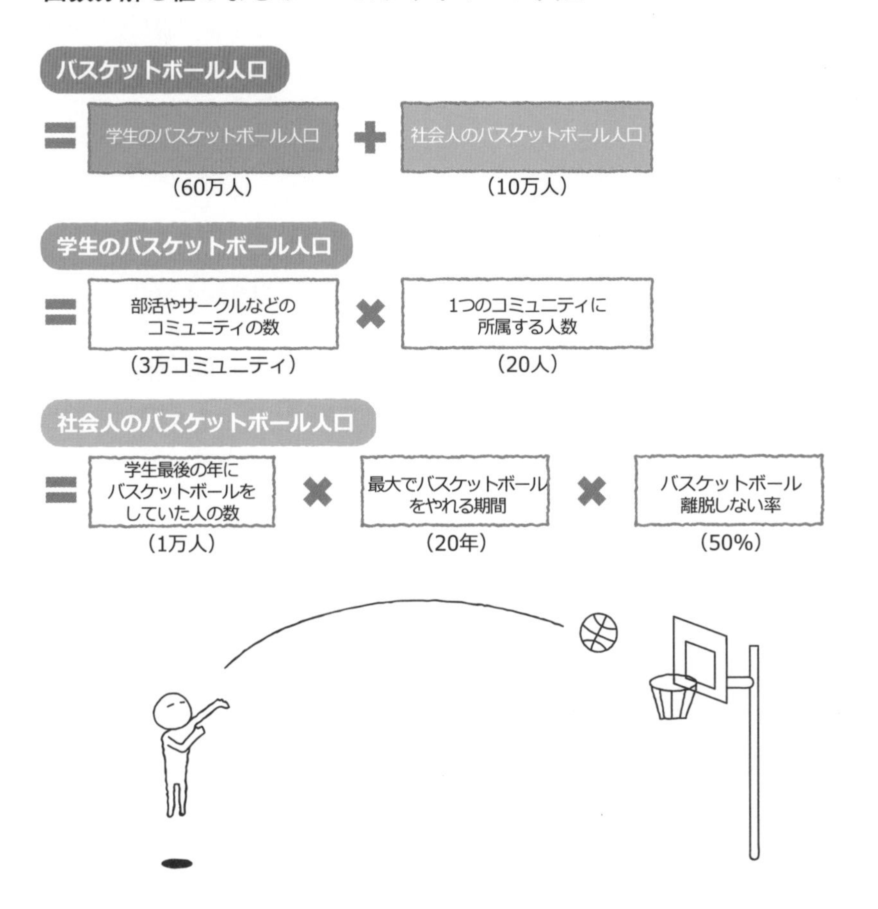

04 「炊飯器の市場規模は？」を解く -「田の字」という手法を貴方に

この章は解き方の「実況中継」。さらさらと読んでいきましょう

まだまだ、「なるほど、こうやって解くのか！」を体感してもらい尽くしていません。一つひとつの技術は第3章から丁寧に解説していきますので、今はとにかくフェルミ推定の解き方に酔いしれてください。

さて、次のお題はこちらです↓

? 炊飯器の市場規模は？

このお題を聞くやいなやもう、叫びたくなりませんか？

これは「マッサージチェアの市場規模」と何だか似ている。あれだ!「ストックとフローを行き来」で耐用年数がポイントのヤツだ!

このように閃いた貴方はもう、フェルミ推定の技術を少し体得してきたことになります。まぁ、そんな細かい話は第3章以降でやりますから、今は「自分ならどうやって解くかな？」と楽しみながら読んでもらえると嬉しいです。

ということで、今回も「因数分解」していきます！

次のようにやれば、気持ちいいですよね。

炊飯器の市場規模
=【炊飯器を持っている世帯数】÷【炊飯器の耐用年数】
×【炊飯器の単価】

では、ざっくりと数字を置いてみましょうか。

炊飯器の市場規模
=【炊飯器を持っている世帯数】÷【炊飯器の耐用年数】
×【炊飯器の単価】
=【4千万世帯】÷【5年】×【5万円】
=4千億円

1世帯につき、必ず1つは炊飯器を持っていると思うので、そこはあえて因数分解には表しておりません。算数的に精緻にやりたいのであれば、【1つの世帯あたりに持っている炊飯器の数】を入れて次のようにしても構わないです。

炊飯器の市場規模
=【炊飯器を持っている世帯数】×【1つの世帯あたりに持っている炊飯器の数】÷【炊飯器の耐用年数】×【炊飯器の単価】

でも、どうせ1ですからどちらでも構いません。

更に、皆さんが家電芸人並みに【炊飯器の単価】に詳しかったら、その常識・知識を駆使して値を使えば尚良しです。【炊飯器を持っている世帯数】も、世帯であれば100%持っていると仮定しても外れてない気がしますが、「学生の1人暮らしは持っていない」などと考慮できたなら最高です。

このように、自分の知識や経験を使い、まさに現実を投影しながら、因数分解を進化させていくことが大事なのです。

更に因数分解を進化させるとして、最も気になるのは「耐用年数」の値の置き方です

ここで気になるのは、【炊飯器の耐用年数】です。

次のようにしましたが、

【炊飯器の耐用年数】＝5年

本当に、一律で５年としてしまっていいのでしょうか？

当然、【炊飯器の耐用年数】は「いつ壊れるか」ですから、使う頻度によっても違ってきますよね。頻繁に使えばすぐ壊れますし、使わなければ、当たり前ですが壊れません。

このあたりに、思考の入れどころがありますよね。

ということでセグメンテーション！＝お初にお目にかかります「田の字」

そこで、セグメンテーションして考えてみたいと思います。

今回は、「2つの軸」で「4つに分類」します。これをコンサル用語で、見栄えが似ていることから「田の字」と呼んでいます。

なお、ビジネスや、それこそケース面接で「田の字」を使うと、世の中でコンサルが嫌われがちのように、皆さんも「コンサルかぶれかよ」と勘違いされてはいけませんから、丁寧に「2軸で4つに分類してみると」と声に出しましょうね。

ではさっそく、「田の字」とやらをやっていきたいと思います。

とすると、使う頻度ですから

●結婚しているかどうか？
　＝結婚していれば、“してない”より、自炊でご飯を炊きそうだ。
●子供がいるかどうか？
　＝子供がいれば、“いない”より、弁当などでご飯を炊きそうだ。

ということで、次のようになるわけです。

第1軸（横軸）＝結婚している、していない
第2軸（縦軸）＝子供いない、いる

右上（結婚していて、子供いる）＝耐用年数3年
右下（結婚していて、子供いない）＝耐用年数5年
左下（結婚していない、子供いない）＝耐用年数10年
左上（結婚していない、子供いる）＝ -（絶対数が少なそうなため、計算しない）

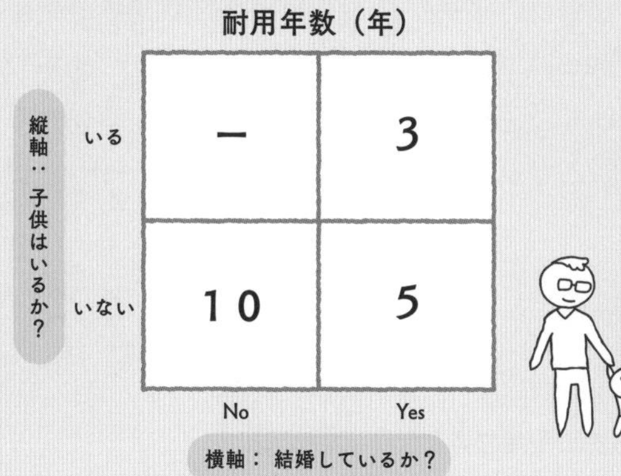

（注意：ここから先、ちょっと小難しいです）

あとは、各セグメント（右上・右下・左下）の世帯数割合を、各セグメントの値（耐用年数）にそれぞれ掛ければ、「加重平均」での耐用年数が算出されるので、それを使います。

そうすると、単純に一律の【炊飯器の耐用年数】よりも、セグメントの加重平均による【炊飯器の耐用年数】の方に信憑性があり、全体の数字の信頼度はアップしますよね。

なお、「加重平均」については、本書の第4章で丁寧に説明していきますのでご心配なく。

続・小難しい話…「加重平均」で実際に数字の値を算出してみます

重要な因数、今回であれば、【炊飯器の耐用年数】の値を作り込むときに有用なのが、「田の字」です。

一応、加重平均の【炊飯器の耐用年数】を出しておくと、次のようになります。

右上（結婚していて、子供いる）＝耐用年数3年　（全体の25%）
右下（結婚していて、子供いない）＝耐用年数5年（全体の25%）
左下（結婚していない、子供いない）＝耐用年数10年（全体の50%）
左上（結婚していない、子供いる）＝ -（全体の0%、少なそうなため、0%と置く）

そして、加重平均は値と構成割合を掛けて足せばOKなので、次のようになります。

加重平均の【炊飯器の耐用年数】
＝【耐用年数3年】×【25%】＋【耐用年数5年】×【25%】
＋【耐用年数10年】×【50%】
＝0.75＋1.25＋ 5
＝7年

簡単に言えば、いっぱい使う人が多ければ「耐用年数が3年」に近づくし、あんまり使わない人の割合が多ければ、「耐用年数は10年」に近づくということですね。

全体の因数分解に値を入れ直して計算すると、次のようになります。

炊飯器の市場規模
=【炊飯器を持っている世帯数】÷【炊飯器の耐用年数】
×【炊飯器の単価】
=【4千万世帯】÷【7年】×【5万円】
=2,857億円
≒3千億円

さて、そろそろ「難しすぎてさらっと読めねーぞ」となってきているかもしれませんが、ご心配なく。第3章~第5章を読んだ後にもう一度、第2章を読んだときには、かなり「サクサク」読めるようになっているはずですから。

では最後に、今回も学びをまとめておきましょう。

◉「体感」し「暗記」してほしいポイント3つ

①簿記を勉強して以来です：「耐用年数」
②初めて聞きました：セグメンテーション「田の字」
③その計算には「加重平均」は付き物なので、算数嫌いもぜひ！

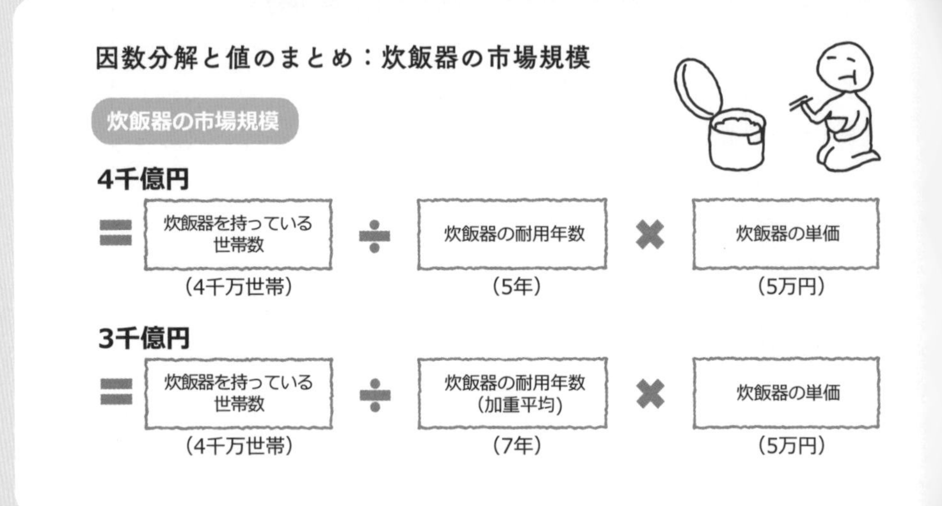

05 「コンビニの1店舗の売上は?」を解く-「店舗開発長」の気持ち

小学校の時にさんざん言われたお話 ＝「人の気持ちになる」ことが大事です

第2章で説明してきている「フェルミ推定の解き方」は、実は第1章の内容に深く根ざしていることがわかります。

- ロジック＋常識・知識
- 答えの無いゲーム
- 現実の投影
- ビジネスモデルの反映

これですね。

だから、本章を読みながら再度、第1章も読み返していただけると、僕と同じ「フェルミ推定の世界」へ徐々に入れるかと思います。

さて、次は皆さんにもおなじみ、行かない日はない！とも言える「コンビニ」を題材にしたいと思います。よく行くコンビニを思い出しながら、読んでくださいませ。

お題はこちらです↓

コンビニ1店舗の売上は？

なお、「コンビニ市場の規模」ではなく、「あるコンビニ1店舗の売上」を推定するというのがテーマです。

今回も、残念な因数分解から お披露目していくことにしましょう

因数分解を考えようとすると、大半の人は次のような因数分解を使おうとします。

コンビニ1店舗の売上
＝【レジの数】×【1時間でお客さんを捌ける数】×【営業時間】
×【客単価】×「365日」

でも、残念ながらこのやり方は、どの角度から考えてもおかしい。算数的には全くおかしくない。でも、百回考えてもやっぱりおかしいのです。

なぜか？

その理由を説明しつつ、解いていきたいと思います。

今から皆さんは、 コンビニエンスストアの店舗開発長です

皆さんは「コンビニの店舗開発長」です。そして、新規出店することになりました。そこで、その「コンビニ1店舗の売上」を推定しようとコンサルにお願いしてみたところ、次のような回答が返ってきました。

店舗開発長！算出できました！
レジが2つで、1時間に10人捌けて、営業時間は深夜を除いて16時間で、客単価は500円として、1日の売上は16万円です。
よって、年間では5,840万円です！

この回答を見て、皆さんはどう思いますか？

明晰で鋭い人なら、次のように返してくれることでしょう。

いやいやいや、それはおかしいですよ。
レジの数と"来てくれる数"は関係ありませんよね?

口が悪い人なら、「は？」と言ってしまうかもしれませんね。そもそも、「これだけ捌けるから、その分を売り上げられる！」などと計算できるビジネスは少ないでしょう。でも、フェルミ推定を理解せず、ただただ因数分解するモノと捉えていると、このように意味のわからないことをしていても思考停止になり気づかないのです。

こわいこわい、あー、こわい。

では、どうやって「因数分解」をしたら良いのでしょうか？

とりあえず、店舗開発長の気持ちを想像してみてください。

どんな因数分解にすべきか？と考えたら、次のようになりますよね。

コンビニ1店舗の売上
=【このコンビニの周りに住む／働く人の数】
×【このコンビニ利用頻度（週）】×【1回あたりの利用金額】×「52週」

このことを踏まえると、理想的なコンサルからの回答は次のような内容でしょう。

店舗開発長！算出できました！
そのコンビニの周りには1,000人が住んでいる人/働いている人、利用頻度は週8回、1回あたり500円ですので、年間、52週換算で計算すると、年間2億800万となります！

気持ちがいいですよね。コンビニの商圏は「500メートル圏内」とも言いますから、まさにこのやり方をベースにするのが良さそうです。

なお、次のようなケースであっても、コンビニのお題と同じ考え方で対処できます。

・スタバの売上
・銭湯の売上
・コインランドリーの売上

どれも、因数分解を考える時は『「店舗開発長の気持ち」＝「“新店を作った場合、どのくらいの売上が見込めるか？”を考えた場合、どう計算するか」』を思考に入れれば、おのずと現実に即したものになりますよね。

めでたしめでたし。レジ方式よ、さようなら!

なお、「計算がしやすいから」という理由でレジ方式に飛びつきたくなる気持ちは重々承知しております。ですが、ぜひともグッとこらえて、「他の因数分解のやり方無いかな？」とつぶやく習慣をつけてみてください。

その上で「レジ方式しか、浮かばん!」となったら、それは仕方がない。

その際は、「やむを得ずです。今度は良いやり方を見つかるように腕磨きます」と心に刻んでください。

● 「体感」し「暗記」してほしいポイント3つ

①「店舗開発長の気持ち」になりきる、は現実投影のスイッチ
②フェルミ推定は「算数」ではなく「ビジネス」である
③よくある「売上推定」は、ほとんど同じ頭の使い方でOK

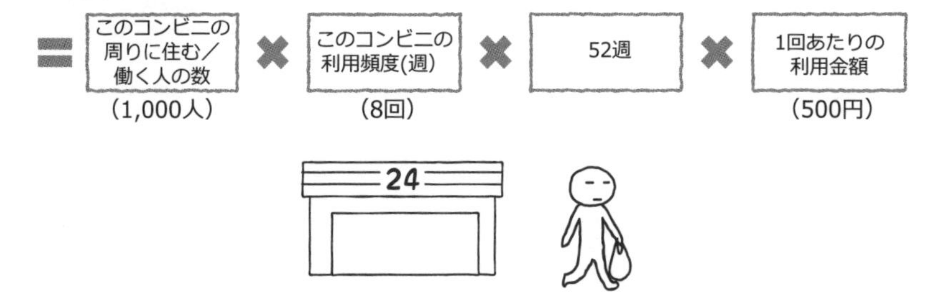

06 「(コロナ前の)ラーメン店の売上」を解く-「オーナーの口癖」を反映する

いつも通り「因数分解」→「値を置く」をやっていきます。

本書の1-06で語った通り、社会の世相も反映しなければいけません。ですので、今回の題材は、考えやすいように「コロナ前」としています（2021年、コロナで社会が変わったときに本書を書きました)。

お題はこちらです↓

? (コロナ前の) ラーメン店の1日の売上は？

なお、今回はズバリ、自身の回答を書いてしまいたいと思います。僕の「思考」や「語り方」にそろそろ慣れてきたと思うので、更にエンジンをかけていきますね。

因数分解すると、次のようになります。

(コロナ前の) ラーメン店の売上
=【席数】×【回転数】×【ラーメンのお値段】

そして、ざっくりと数字を置いてみたのがこれです↓

(コロナ前の) ラーメン店の1日の売上
=【席数】×【回転数】×【ラーメンのお値段】
=【10席】×【5回転】×【1,000円】
=5万円

なお、この時も第1章で語った原理・原則が根底に流れているのを感じてほしい。「ラーメン屋さんの店長」の気持ちであり、「ビジネスモデル」を思考にぜひ入れてください。

さて、飲食店には次のようなセオリーがあるそうです。

昼の時間帯は2回転、できれば3回転させたい!

ラーメンビジネスで言えば、「ぱっとラーメンを出し、ぱっと食べてもらうことで、席を回転させたい」という話ですね。それを因数分解に反映させたのが、先ほどのこちらなのです↓

(コロナ前の) ラーメン店の1日の売上
=【席数】×【回転数】×【ラーメンのお値段】

念のため説明します。「回転数」とは一体なんでしょうか?

【回転数】とは、「ある時間帯の間に来たお客さんの数を、席数で割った数」を指します。要は、「キャパシティの何個分、お客さんが来たのか?」というものです。

あれです、あれ。「東京ドーム何個分?」と同じ考え方です。

ランチタイムに30人のお客さんが来てくれた。席数は「6つ」となれば、回転数は「5回転」となります。実はこの数字、博多にある少し小さめなスパイスカレー屋さんが、このような回転数かつビジネスなのです。

このように、「現実の投影」だったり「ビジネスモデルの反映」だったりするから、フェルミ推定は面白いし、やる意味があるのです。

実は、他にも算出の仕方は色々あるのです。でも…「回転数」がベター！

この他にも、算出の仕方は色々あります。

「そのエリアでランチをする人のうち、このラーメン屋さんを選ぶ割合」をベースに解いたり、少し変わった解き方をするなら、「ラーメン屋さんの給料」をベースに解くこともできなくはないでしょう。

けれども、「ラーメン屋さんのビジネスモデル／店長のつぶやき」を考えると、先ほどの【回転数】がベストに見えてきます。

ぜひ、お気に入りのラーメン屋さんに行き、「この店の1日の売上は？」といやらしい計算をしてみてください。それも、フェルミ推定の技術を極めるコツになります。日常でも使うことが、本当に大事なのです。

ところで、これって頭の中でいろいろ計算しながら楽しむことになりますよね。

さすがに、ラーメン屋さんで紙とペンを出して計算し始めたら、お店の方も気持ち悪がります。その時に、「これを覚えておくと計算が楽になる」というのをお教えしましょう。

それは、「1万×1万＝1億」という公式です。

これ、すごく便利です。これをベースにすると、「10万×1千＝1億」ですし、「100万×100円＝1億円」となりますよね。

例えば、「ラーメン店チェーン全体で、1年間に千円のラーメンを10万に食べてもらったとしたら、1億円になる！」と、ぱっと計算できるようになります！

●「体感」し「暗記」してほしいポイント3つ

①「ビジネスモデルの反映」は常に、ポケットに入れておくこと
②身近な体験も、フェルミ推定の「常識・知識」として活用可能
③【回転数】の定義は覚える！

因数分解と値のまとめ：(コロナ前の) ラーメン店の１日の売上

(コロナ前の) ラーメン店の1日の売上

07 「乳母車の市場規模は?」を解く -「生活文化」も組み込む

2つの因数分解を見比べてみましょう。何か、感じることはできますか?

さて、次のお題はこちらです↓

? 乳母車の市場規模は?

早速ではありますが、今から2つの因数分解を示しますのでご覧ください。

◉因数分解A

乳母車の市場規模
=【1年間に生まれた赤ちゃんの数】×【ベビーカーの値段】

◉因数分解B

乳母車の市場規模
=【1年間に生まれた赤ちゃんの数】×【ベビーカーを購入する割合】
×【ベビーカーの値段】

仮に、2つの因数分解が成立している世界があるとしたら、どんな世界でしょうか?

このことを考えてみると、現実の投影や因数分解を中心としたフェルミ推定の奥深さを理解できるかと思います。

それぞれ、解釈していきますね。

仮に、乳母車の市場規模を算出する際に前述の式が正しかったとすると、どういう世界・社会なのかを考えてみてください。これは、今までの思考とは逆で、「日本の乳母車市場を想像する→因数分解」ではなく、「とある因数分解→どんな乳母車市場か想像する」となるわけです。そしてこれを行うと、「因数分解1つで、ここまで表現されてしまうんだ！」ということが理解できるようになるでしょう。

では、「因数分解」を解釈していきます！

次のように解釈できますよね。

◉因数分解A

乳母車の市場規模

=【1年間に生まれた赤ちゃんの数】×【ベビーカーの値段】

赤ちゃんが生まれたら、100％買う社会。1人目だろうが2人目だろうが、必ず買わないと生活になりません。少し想像力を豊かにすると、「ひとりっ子が多い」か、はたまた「1人目と2人目の生まれる間隔が短い」という社会なのでしょう。1人目から2人目で間があくと、「おさがり」という概念が生まれますからね。

◉因数分解B

乳母車の市場規模

=【1年間に生まれた赤ちゃんの数】×【ベビーカーを購入する割合】

×【ベビーカーの値段】

「因数分解A」の社会に対してこちらは、赤ちゃんが生まれたら「買う！」という常識も少しずつ変わってきています。友達家族から譲り受ける文化も出てきた社会ですね。

このように、「現実」→「因数分解」の思考だけでなく、「因数分解」→「どういう世界か？」の思考をすると、より理解が深まるのです。

日本の乳母車市場を反映した因数分解を作ると、どうなるのでしょうか？

今度は、「現在の日本において、乳母車はどのように購入され使われている文化なのだろうか？」を思考することになります。

少し細かくなりますが、現実は得てして複雑なので、そのままモデル化、因数分解をしてみましょう。まず、僕の知っているかぎりの常識・知識を活用し、3つの現実を因数分解として表現していきます。

> 富裕層まで行かなくともお金に余裕がある人は、1人目でも2人目でも新品を購入する。世帯によっては2台＝通常の乳母車に加えて、電車などの移動用に買う。
> 通常の世帯は、1人目のお子さんであれば新品を買うか、買ってもらう。一方、2人目は新品にこだわらず、おさがりやメルカリなどで買う。

これを丁寧に因数分解で表し、モデル化すれば良いのです。

具体的には、次のようになります。

乳母車の市場規模（富裕層）
＝【1年間に生まれた赤ちゃんの数】×【一定以上の年収割合】
×【買う台数】×【ベビーカーの値段】

乳母車の市場規模（富裕層以外）、1人目の場合
=【1年間に生まれた赤ちゃんの数】×【not一定以上の年収割合】
×【1人目の割合】×【ベビーカーの値段】

乳母車の市場規模（富裕層以外）、2人目の場合
=【1年間に生まれた赤ちゃんの数】×【not一定以上の年収割合】
×【2人目の割合】×【ベビーカーを購入する割合】
×【ベビーカーの値段】

これらを足せば答えになるということですね。ちょっと複雑になっているので、「現実を投影とは、こういう風にやるんだ！」と体感していただくだけでもOKです。

もう恒例ですよね。値を置いてみましょう!

というわけで、ざっくりと数字を置きます。

乳母車の市場規模（富裕層）
=【1年間に生まれた赤ちゃんの数】×【一定以上の年収割合】
×【買う台数】×【ベビーカーの値段】
=【100万人】×【10%】×【2台】×【10万円】
=200億

【乳母車の市場規模（富裕層以外）、1人目の場合】
=【1年間に生まれた赤ちゃんの数】×【not一定以上の年収割合】
×【1人目の割合】×【ベビーカーの値段】
=【100万人】×【90%】×【50%】×【5万円】
=225億円

【乳母車の市場規模（富裕層以外）、2人目の場合】
＝【1年間に生まれた赤ちゃんの数】×【not一定以上の年収割合】
×【2人目の割合】×【ベビーカーを購入する割合】
×【ベビーカーの値段】
＝【100万人】×【90%】×【50%】×【50%】×【3万円】
＝67.5億円

◉合算すると？

【乳母車の市場規模】
＝492.5億円≒500億円

パチパチパチ。

こういうのができるようになってほしい！という願いを込めたのが、本書なのですよ。

◉「体感」し「暗記」してほしいポイント3つ

①因数分解から見える「世界」を想像する
②複雑な「現実」をモデル化するのもフェルミ推定である
③圧倒的に、「値」よりも「考え方」に面白さがある

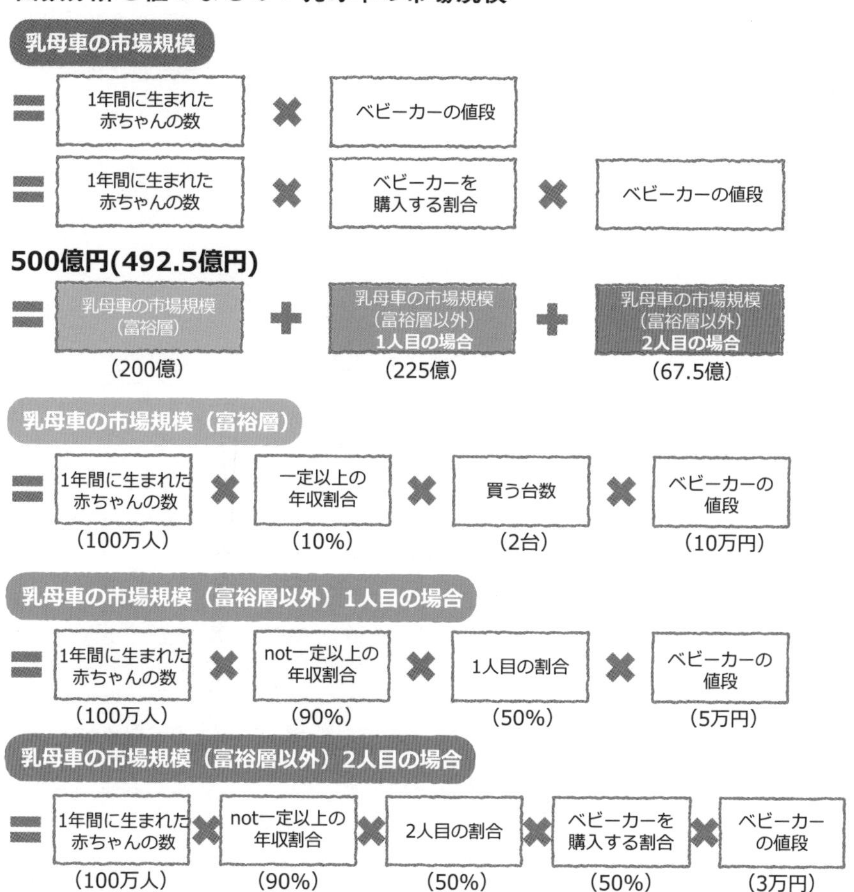

08 「映画"真夏の方程式"の福山雅治さんのギャラは?」を解く - 「未知」をも超える

「お金の話」って盛り上がりますよね。年収、ボーナス、配当、そしてギャラ

これまでは題材にポップさがあまり無かったので、ここいらで面白い題材を取り上げたいと思います。と、その前に、フェルミ推定の定義をおさらいしておきましょう。

フェルミ推定=未知の数字を常識・知識を基にロジックで
計算すること

これですね。

では、この書籍史上「もっとも未知な数字」にチャレンジしたいと思います。

お題はこちらです↓

? 映画"真夏の方程式"の福山雅治さんのギャラは?

実に「未知」ですよね。ていうか、そんなの知っているわけがない。

さて何から考えるか?=高度なテクニックだけど「類似例」を思い浮かべます

このお題を考える上で、近しい、似ていることはなかろうか?と考えたとき、浮かんだのがこちらです。

ある普通の3人家族の、小学6年生の子供のお小遣いはいくらか？

これの決め方と、似ているのではなかろうかと。

というわけで、説明していきますね。

「ある普通の3人家族の、小学6年生の子供のお小遣い」は、2つの方向から決まってきます。

A＝お小遣いにいくら支払い「予算」があるのか？
B＝この小学6年生は、いくらなら足りるのか？

これですね。そして、それぞれの方向からロジックを組めば、「未知の数字」の足掛かりになります。

では、下準備として「小学生のお小遣い」を題材にしてみましょう

まずは、お小遣いでやってみせます。

◉A＝お小遣いにいくら支払い「予算」があるのか？

お小遣いに出せる予算
＝【手取り月収】－【家賃】－【生活費】－【貯蓄】－【雑費】

算出した金額を丸々お小遣いにする家庭はないでしょうが、逆に言えば、「マックスマックス」でも、そこまでしか出せない数字と考えられます。これだけでも、未知の数字に近づけていると言えるでしょう。

（ふと気づけば、最大値を表現した「マックスマックス」というのも、古い言葉なのだろうか・・・）

そして、Bの方は次のようになります。

◉B＝この小学6年生は、いくらなら足りるのか？

この小学6年生ならば足りる金額
＝【毎日使う、ジュース代などの値段】×「30日」

小学生の部分を、「福山雅治さん」のギャラに置き変えてみます

これを「福山雅治さん」に当てはめると、次のようになります。

A【お小遣いに出せる予算】＝
「福山雅治さんのギャラに充てられる予算」
B【この小学6年生ならば足りる金額】＝
「福山雅治さんが“割に合う”と思える金額」

映画の世界にそれほど詳しいわけではありませんが、僕の常識・知識で因数分解をしたいと思います。映画の世界に詳しい人は、もっと詳細に分解してみてください。

A【お小遣いに出せる予算】
＝「福山雅治さんのギャラに充てられる予算」
＝【興行収入】－【映画館の上映コスト】－【映画撮影コスト】
－【映画会社利益】

B【この小学6年生ならば足りる金額】
＝「福山雅治さんが“割に合う”と思える金額」
＝【この映画で拘束される日数】×【1日あたりのフィー】

それぞれの因数分解の屋台骨としては、こうなりますよね。あとは、どこまで因数分解を細かくし、ピンと来やすくするかです。

いつもどおり「気持ち悪い」部分を排除すべく、因数分解を進化させます

それぞれ、最終的な「因数分解」を示すと次のようになります。

A【お小遣いに出せる予算】
=「福山雅治さんのギャラに充てられる予算」
=(【来場者数】×【映画チケット代】)×(1－【映画館の取り分割合】
　－【映画会社の取り分割合】)
　－【福山雅治さん以外のギャラ、監督、宿泊代など】
　+【本映画のDVD販売・レンタル収益】

DVDの収益も「福山雅治さん」の貢献がありますから、当然、予算に含める必要がありますよね。ここまでは意外とできるはず。でも、この次の因数分解の置き方には、センスが必要になるかもしれません。

B【この小学6年生ならば足りる金額】
=「福山雅治さんが“割に合う”と思える金額」
=【この映画で拘束される日数】×(【ライブツアーチケット代等
　－ライブコスト】÷【ライブ日数】)

1日のフィーは、他の「福山雅治さん」のお仕事の「1日」と同じ／近くないと、“割に合わない”になってしまいますので、ライブから算出しました。

このように、一見すると未知の数字であっても、フェルミ推定の技術を駆使すれば、「もしかしたら、このくらいかも！」レベルまで数字を作ることができるのです。

ということで、
いつも通り「値を置く」をしてみたいと思います

他人のお財布を探るのもあれですが、ざっくりと数字を置いてみましょう。

A【お小遣いに出せる予算】
=「福山雅治さんのギャラに充てられる予算」
=(【来場者数】×【映画チケット代】)×(1−【映画館の取り分割合】
　−【映画会社の取り分割合】)
　−【福山雅治さん以外のギャラ、監督、宿泊代など】
　+【本映画のDVD販売・レンタル収入】
=(【50万人】×【2千円】)×(1−【0.5】−【0.2】)−【1.5億円】
　+【3億円】
=4 .5億円

B【この小学6年生ならば足りる金額】
=「福山雅治さんが“割に合う”と思える金額」
=【この映画で拘束される日数】×(【ライブツアーチケット代等
　−ライブコスト】÷【ライブ日数】)
=【14日】×(【10億円】÷【30日】)
=4.6億円

以上、2つの方向性から算出してみると、解は次のようになります。

映画“真夏の方程式”の福山雅治さんのギャラ
=4.5億円

この金額は「福山雅治さんが所属する事務所」に入る金額ですので、その半分が福山さんに入ると考えると、2億円と考えられます。1本の映画の主役を張って2億円であれば、僕の中ではピンと来ました。天下の福山雅治さんですから、映画1本で2億円というのは、リーズナブルなギャラですよね。

このように、「未知中の未知」の数字でも、フェルミ推定を使うと「このくらいかも？」という数字を作ることができるのです。

ほんと、フェルミ推定って素敵ですよね。

●「体感」し「暗記」してほしいポイント3つ

①「どんな数字」でも、フェルミ推定を駆使すれば当たりはつく
②「類似例」＝身近な例で考えてみるのは、最高に大事なこと
③皆さん、「フェルミ推定」にハマりましたか？

因数分解と値のまとめ：映画"真夏の方程式"の福山雅治さんのギャラは？

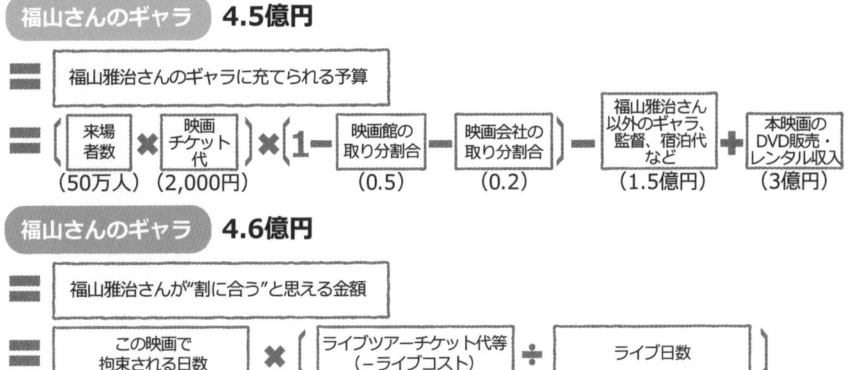

第3章

フェルミ推定は「因数分解」

フェルミ推定の奥深さ＋最高到達点を知った今、あとは「技術」を学ぶのみです。「因数分解を細かくすればいい」という怨念を背負った〝因数分解バカ〟になってはいけません。

第3章のテーマは、「現実の投影」「ビジネスモデルの反映」「社会変化の反映」をクリアした最高の因数分解の作り方です。「算数的」な因数分解は、できる・わかるものの、「本当にこれでいいのかな？」と思っている方も多いはず。そこを熱く、そして圧倒的なわかりやすさ、濃さで説明いたします。奥深き、頭の使い方・頭の良さの見せ所である「因数分解」の世界を存分に楽しんでください。そして学ぶ際には、ぜひとも、テンション上げてください。習得率が上がります。

01 どこまで近づきジャンプするのか？-因数分解のイメージは分解ではない

「新しい概念」を学ぶときは、「イメージ」を大切にしてください

あらためて、フェルミ推定を因数分解すると次のようになります。

フェルミ推定＝「①因数分解」＋「②値」＋「③話し方」

本章では「①因数分解」を、第4章では「②値」を、そして第5章では「③話し方」と、順を追って解説していきますね。

皆さんは、フェルミ推定における「因数分解」について、どのようなイメージを持っていますか？　まずは、そこから始めさせてください。「考える力」など“目に見えない”概念を学ぶときに大切なのは、イメージを持つことであり、フェルミ推定ももちろんそうだからです。

イメージは「ジャンプ」。極力、近づいた上で、最後は目的地に向かってジャンプします

フェルミ推定の「因数分解」についてのイメージですが、因数分解という名前の通り、「分解する」というイメージを持たれている人も多いかと思います。因数分解の文字面に引っ張られ、大きな塊のままだと考えづらいので、小さくすることが因数分解、といったところでしょう。

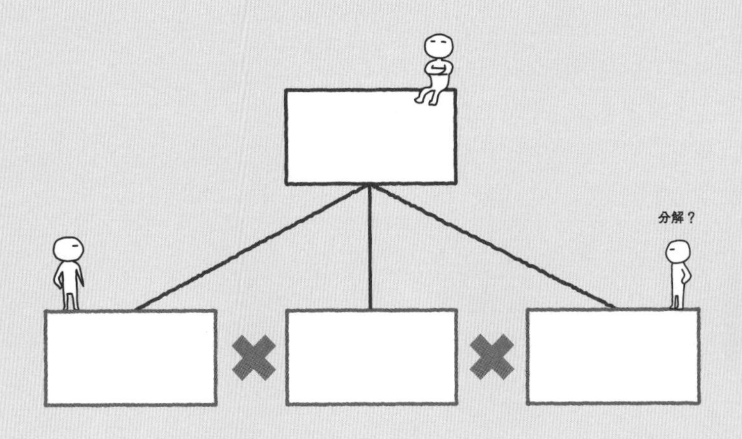

もちろん、それは間違いではありません（これも大事)。

ですが、これだと大切な、大切すぎる「因数分解」の目的が直感的に捉えられない。

因数分解したいというエネルギーさえ湧き上がってこないのです。

僕が思う、もう1つ持ってほしい因数分解のイメージは「ジャンプ」です。

あるスタート地点からそのままジャンプしてしまうと、目的地まで遠いから、目的地に向かった「中継地点」を作り、そこに近づいてからジャンプする。そんなイメージです。

新しい概念を育てるときは、文字よりも先に、イメージをぜひ大切にしてください。

「スポーツジム市場」を題材に、この「ジャンプ」のイメージを掴んでください

「スポーツジム市場規模」を例に、このイメージがわかる形でカジュアルに「遠い」と叫びながら説明します。皆さんも、自作自演で盛り上がりながら勉強したほうが絶対に身につきますよ！

それでは行きましょう。

スポーツジム市場の規模は、えーと、1兆円!

さすがに、何も因数分解をせず、何も分解せず「スポーツジム市場はいくら？」を考えるのは遠すぎます。当てずっぽうの極みになってしまいます。そもそも、単位からして怪しいです。「億」なのか「兆」なのかさえもわからない。

では、もう少し近づいてみましょうか。

【スポーツジムの数】×【1店舗の売上】に分けてみる

これなら数字を置きやすいですかね？

いやいやいや、まだ遠いですよね。近づいているなんて感じ、ほとんどしません。経験や論理を駆使するとはいえ、最後は「勘で数字を置く＝ジャンプする」わけですから、もう少し近づいてからジャンプしたいところです。

【スポーツジムの数】×【1店舗当たり会員数】×【月会費】×「12か月」

これなら、だいぶ近づきましたよね？

イメージ的には、ゴールに向かって「中継地点」としての島を3～4個は作った感じです。

ですが・・・確かに【1店舗の売上】よりも【1店舗当たり会員数】の数字を置く方が簡単です。でも、最後のお願い。もう一段だけ近づきたい。

【1店舗当たり会員数】＝【延べ利用者数】÷【利用頻度】

なので、全体の因数分解を示すと

スポーツジム市場規模
＝【スポーツジムの数】×【延べ利用者数】÷【利用頻度】
×【月会費】×「12か月」

これは確かに近づいた。かなり近づきましたね。【1店舗当たり会員数】よりも【延べ利用者数】の方が、数字を置きやすい。【利用頻度】なんて最高すぎます。

でもしかし。
これでも、最大限、近づいたとは言えません。

今度こそ、次こそが最後です。
【延べ利用者数】を分解します。

【延べ利用者数】＝【キャパシティ】×【回転数】×「30日」

なので、全体の因数分解を示すと

スポーツジム市場規模
＝【スポーツジムの数】×（【キャパシティ】×【回転数】×「30日」）
÷【利用頻度】×【月会費】×「12か月」

これは近づいた。ありがとう。最後はどっちにしろ、目をつぶってジャンプなんですけどね。それでもありがとう。

以上、わざとカジュアルな表現をしてきましたが、これが勉強するときの鉄則です。ぶつくさいいながら、自作自演で盛り上げながらやるのが大事なのです。パンパンパンパンと、テンポよく因数分解する感じこそが、醍醐味なのです。

◉因数分解のイメージ

・そのままだと遠いから極力近づく＝「因数」に分解。
　ピンとくるのは分解しない
・最後は、勘を頼りに数字を置くしかない＝目をつぶってジャンプ

02 因数分解は“気持ち悪い”ドリブン -「気持ち悪い」の新たな使い方

因数分解は何がエンジンか？ それは、「気持ち悪さ」です

因数分解のイメージができたところで、その「中継地点」の作り方といいますか、因数分解の“細かくさせ方”について解説させてください。

因数分解を行うときには、魔法のような合言葉があります。

それは

気持ち悪い。

これです。

「気持ち悪い」と聞くと、お酒を飲みすぎて「気持ち悪い」とか、川辺の大きな石をひっくり返したら虫がいて「気持ち悪い」とか、そういう意味をイメージすると思いますが、もう1つ別の意味（使い方）があります。

それは

> 気持ち悪い
> ＝数字の置き方や考え方自体が、「現実」や「事実」をうまく表せておらず、違和感を覚える

これです。

ではさっそく、実況中継的に「気持ち悪い」を体感してください

具体的な例を使って、この「気持ち悪い」というものを体感していただきましょう。「マッサージチェアの市場規模」を例にとって説明したいと思います。「ゼロベース」と言いますか、“僕の思考パス”が見える形で解説しますね。

もうお気づきかもしれませんが、ビジネス書の書き方って、それこそ「10年」進化していないと思うのです。ストレートでいえば硬すぎる。格調高くはなりますが、結局は読まれない本になってしまいます。

ですので本書は「できるだけカジュアル」という書き方で行かせていただきますね。

だって、その方が絶対に理解できますから。

ではさっそく、盛り上がっていきましょう！

「マッサージチェアの市場規模」を因数分解するということで、まずは次のようになると思います。

> **マッサージチェアの市場規模**
> **＝【旅館などのマッサージチェアを保有する施設の数】**
> **×【マッサージチェアの単価】**

これ、非常に気持ち悪い。本当に気持ちが悪いです。

そしてこの「気持ち悪い」を、ぜひ因数分解する際の口癖にしてほしいのです。

はい、

気持ち悪い！

もちろん、「気持ち悪い」で終わってはだめです。そのセット、コンボとして、「なぜ、気持ち悪いと思うのだろうか？」まで考える。これが鉄則だと思ってください。

で、何が気持ち悪いのかと言えば、このままの因数分解では「毎年、マッサージチェアを買い替えることになってしまう」から。

気持ち悪い。あー、気持ち悪い。

ということで、因数分解を進化させましょう。気持ち悪いから進化させる、当たり前のことですよね。

マッサージチェアの市場規模
＝【旅館などのマッサージチェアを保有する施設の数】÷【耐用年数】
×【マッサージチェアの単価】

いかがでしょうか？

ちょっと待って、気持ち悪い、まだ気持ち悪い。

このままでは、「施設に1個しか、マッサージチェアが無い」ことになってしまいます。

ということで、因数分解を更に進化させましょう。

マッサージチェアの市場規模
＝【旅館などのマッサージチェアを保有する施設の数】
×【1施設にあるマッサージチェア数】÷【耐用年数】
×【マッサージチェアの単価】

これでやっと、すっきりしました。

これが、「気持ち悪い」であり、因数分解の「進化」のさせ方なのですよ。

そして、僕はこう定義しています。

因数分解は「気持ち悪い」ドリブン。

皆さんの覚えた違和感が大事であり、ただただ因数分解を“細かく”するという感じで、算数的にやってはいけないのです。「意味」を取りながら進化させるからこそ、価値があるのです。

03 「3段ロケット因数分解」-ホップ、ステップ、ジャンプ

「ジャンプ」のイメージと「気持ち悪いドリブン」、そして…

因数分解の「ジャンプ」のイメージを持ち、「気持ち悪いドリブン」で因数分解を進める。そしてあともう1つ、具体的な因数分解に入る前に知ってほしいことがあります。因数分解を考えるとき、作るときは、一発で「細かい因数分解」ではなく、段階的に「細かくしていく因数分解」にしてほしいのです。更に、その際には3段階で行うことを意識してください。

名付けて、

3段ロケット因数分解

です。

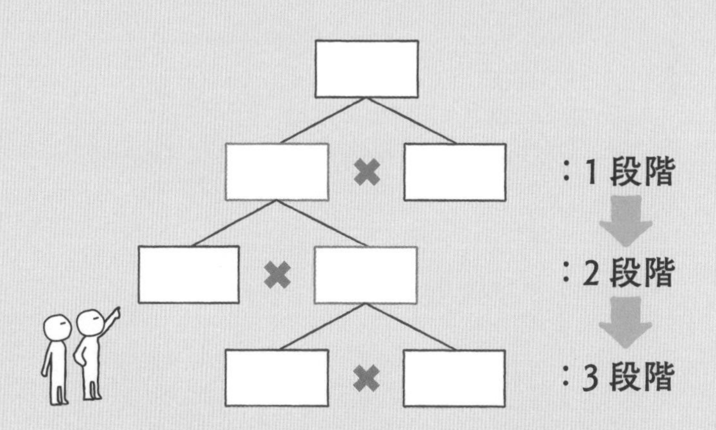

「3段ロケット因数分解」とやらを実演してみせましょう

今回も「スポーツジム市場規模」で説明します。新しい概念を学ぶときは極力「同じ題材」で記憶にしまうのが良いのです。

◉1段階

> **スポーツジム市場規模**
> **=【スポーツジムの数】×【1店舗の売上】**

◉2段階

> **スポーツジム市場規模**
> **=【スポーツジムの数】×【1店舗の売上】**
> **=【スポーツジムの数】×【1店舗当たり会員数】×【月会費】×「12か月」**

◉3段階

> **スポーツジム市場規模**
> **=【スポーツジムの数】×【1店舗の売上】**
> **=【スポーツジムの数】×【1店舗当たり会員数】×【月会費】×「12か月」**
> **=【スポーツジムの数】×【延べ利用者数】÷【利用頻度】×【月会費】×「12か月」**

このように、段階が上がるごとに因数が細かくなっております。

1段階より2段階の方が、【1店舗の売上】が細かくなっている。
2段階より3段階の方が、【1店舗当たり会員数】が進化している。

因数分解を作る際は、段階的に因数分解をするように心がけましょう。

まさに、ホップ・ステップ・ジャンプです！

「3段ロケット因数分解」は、作業的に因数分解しないための抑止力にもなる

因数分解のイメージも、「気持ち悪いドリブン」も、ただただ因数を細かくするのではなく、熱きモチベーションが根底にありますよね。

・少しでも「気持ち良い」数字を作りたい
・現実を極力、投影した「気持ち良い」因数分解にしたい

ですので、作業的に因数分解をしないために、段階的に因数分解をしてほしいのです。もちろん、実際にビジネスで活用するときも、それこそケース面接の対策として準備する際も、「3段階ロケット因数分解」でお願いします。

04 「重要性の原則」の復活 -「答えの無いゲーム」での正しさとは

「重要じゃないものは忘れていい」という素晴らしい原則＝重要性の原則です

最後に1つ、具体的な因数分解の解説をしていく前に、サラリと知っておいてほしいことがあります。それは、会計を嗜んだことがある方はピンとくるかもしれませんが、あの頃に学んだこちらです↓

重要性の原則

定義的な「重要性の原則」についての説明はその道のプロに任せるとして、どういうことかといいますと、

重要じゃない＝フェルミ推定の世界で言えば
「無視してもいいくらい小さい」場合は考えなくても良い

というものです。

「概念」を学んだら、「具体例」で学ぶ。このサイクルは徹底していきます

それでは、「マッサージチェアの市場規模」で説明していきましょう。ただ、もうすでに皆さんが気づかないうちに、こっそりと「重要性の原則」を使ってきていますので、それを強調して説明させてください。

マッサージチェアの市場規模
=【旅館などのマッサージチェアを保有する施設の数】
×【1施設にあるマッサージチェア数】÷【耐用年数】
×【マッサージチェアの単価】

これ、どう「重要性の原則」を活用しているのかわかりますか？
真正面から因数分解をしたら、次のようになりますよね。

マッサージチェアの市場規模
=【旅館などのマッサージチェアを保有する施設など向けの法人市場】
+【マッサージチェアを保有する世帯などの個人向け市場】

そうなんです、旅館などのいわゆる法人だけでなく、一軒家を持つような個人を因数分解に入れても良かったのです。その背景にこそ、「重要性の原則」がありました。

ここから数行は丁寧に理解してもらいたいのですが、“僕の中では”マッサージチェアは法人、つまり旅館、ホテル、空港、スパなどの銭湯、イオンのようなショッピングモールにあるのが大半で、いまどき一軒家にマッサージチェアを置いている人はかなり少ないと考え、「重要性の原則」からスコープアウト／考慮に入れなかった。

ここで注意が必要なのは、あくまで「解く人」、今回で言えば「僕」の常識・知識からしたら、「個人が小さい」と置いただけで、もし読者

の皆さんで「いや、いや、いや、個人は小さくない、むしろ法人より多い！」と思われた方がいたとします。そう思うのであれば、「重要性の原則」を適用せず、個人も含めて算出すれば良いのです。

ここが面白い部分であり、難しい部分でもあります。

この問題を解く「皆さん」が、英知を結集して解くわけです。

今までの人生の経験知識を盛り込んで解くのがフェルミ推定の技術なのですから、当然、「僕」と「皆さん」の人生経験は異なります。ですので、この問題で言えば、リッチに生まれ、リッチに育ち、お仲間もリッチであり、どの家に遊びにいっても一軒家、かつ、そこには必ずマッサージチェアがあった！という経験があれば、それに寄った因数分解をして良いのです。まさに、「答えの無いゲーム」

その上で、「議論」すれば良いのです。
どの部分を「スコープアウト」するかは、どうでもいいのです。

それ以上に理解してほしいのが、「答えの無いゲーム」をしているわけだから、主・メインのところを出すのでもかなり難しいのに、そんな「小さい、少ない」ところを出すのはやっかいだし、全体からいったら誤差。むしろ、そんな時間とエネルギーがあるのであれば、主・メインの部分の算出に全力でいきましょうよ！と考えを深めていくのが大事なのです。

これが、フェルミ推定における「重要性の原則」になります。

皆さんへの愛＝フェルミ推定で重要となる4つの哲学を纏めます

ここまで語ってきたのが、フェルミ推定の因数分解における4つの哲学です。

①「因数分解のイメージ - ジャンプ」
②「気持ち悪いドリブン」
③「3段ロケット因数分解」
④「重要性の原則」

これを念頭に置きつつ、次の節からは、具体的に因数分解を立てる上でのコツ・Tips・罠を紹介しつつ、奥深い「因数分解の世界」を楽しんでいただきたいと思います。

05 「因数分解は2つ以上作る」ことの意味 -「答えの無いゲーム」の戦い方

「答えの無いゲーム」の戦い方を肝に銘じる。フェルミ推定を超えて大事な考え方です

因数分解の作り方の哲学がわかったところで、もう1つ大事なことがあります。フェルミ推定は「答えの無いゲーム」ですから当然、因数分解も「答えの無いゲーム」になります。ですので、「答えの無いゲーム」の3つの戦い方を念頭に置かなければなりません。

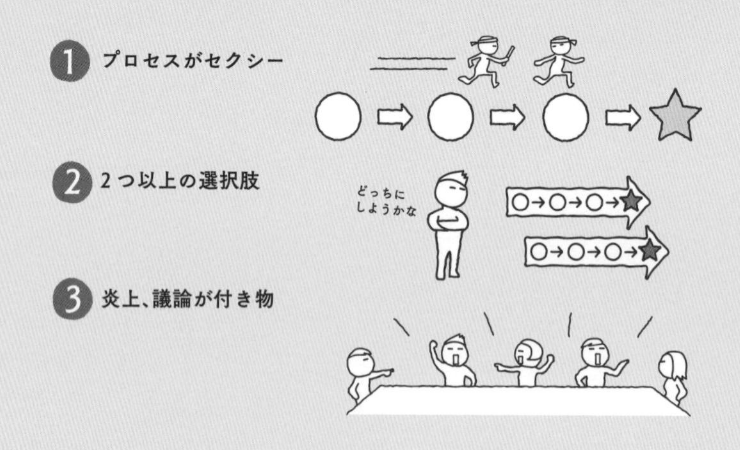

◉「答えの無いゲーム」の戦い方は3つ

①「プロセスがセクシー」＝
そのセクシーなプロセスから出てきた答えはセクシー
②「2つ以上の選択肢を作り、選ぶ」＝
選択肢の比較感で、“より良い”ものを選ぶしかない

③「炎上、議論が付き物」＝
　議論することが大前提。時には炎上しないと終わらない

　ですから因数分解も当然、この戦い方をせねばなりません。これをフェルミ推定の因数分解に重ね合わせると、次のようになります。

●フェルミ推定の因数分解への適用

①「プロセスがセクシー」＝
　4つの「哲学」＋αを意識して、因数に分解していく
②「2つ以上の選択肢を作り、選ぶ」＝
　「因数分解」を2つ以上作り比較する
③「炎上、議論が付き物」＝
　「因数分解」も「値」以上に議論をすることが大事

　さらっと書いてますが、大事なことなのでぜひ暗記暗唱してほしいです！

06 「タテの因数分解」と「ヨコの因数分解」－因数分解は2種類ある

「タテの因数分解」と「ヨコの因数分解」って何でしょうか？

因数分解には2種類あることを、皆さんは知っていますか？

「タテの因数分解」と「ヨコの因数分解」の2つです。そして、2種類と認識するには理由があります。

油断していると「タテの因数分解」を重視してしまう。
でも、重きを置くべきは「ヨコの因数分解」です！

それでは、「ヨコの因数分解」から行きましょう。

> マッサージチェアの市場規模
> ＝【旅館などのマッサージチェアを保有する施設の数】
> 　×【1施設にあるマッサージチェア数】÷【耐用年数】
> 　×【マッサージチェアの単価】

この因数分解は、実は全て「ヨコの因数分解」で構成されています。

一方で、「タテの因数分解」はこちらです↓

> マッサージチェアの市場規模
> ＝【旅館などのマッサージチェアを保有する施設など向けの法人市場】
> 　＋【マッサージチェアを保有する世帯などの個人向け市場】

このように、「タテの因数分解」は四則演算で言うと、主に「足し算」で表現されます。

「タテの因数分解」と「ヨコの因数分解」はどんなイメージですか？

算数的にはどうでもいいのですが、「ヨコの因数分解」は因数分解のイメージで言えば、まさに「中継地点」を作っています。ですので、こちらに思考を費やしてほしい。

一方で「タテの因数分解」は、因数分解のイメージで言えば「目的地を分けて、複数にしている」ので、進んでいなくはないですが「ジャンプ」するための距離を縮めているわけでもありません。

だからまずは、いかに「ヨコの因数分解をするのか？」にエネルギーを割いてください。

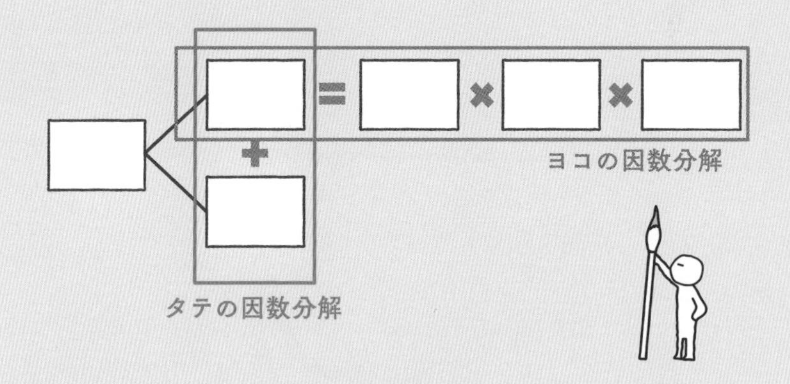

最後にあと1つ、補足させていただきます。

例えば、先ほどから出てきている「マッサージチェアの市場規模」の問題で、生徒に「因数分解をしてください」と言った場合、

マッサージチェアの市場規模
＝【旅館などのマッサージチェアを保有する施設の数】
×【1施設にあるマッサージチェア数】÷【耐用年数】
×【マッサージチェアの単価】

ここまでは問題ありません。

ですがその後に、

【マッサージチェアの単価】
高め：50万円
標準：25万円
安め：5万円

このように書き、因数分解しました！と堂々と発言する方が多いのです。

しかし、これは因数分解ではなく、ただただ単価の種類＝カテゴリー分けしただけなので、因数分解ではありません。

では、纏めます！
ヒーローは「ヨコの因数分解」です！

違う整理をして、この章を締めたいと思います。

「ヨコの因数分解」＝目的地に辿りつくための「中継地点」を作る。
「タテの因数分解」＝目的地を複数にする。進んでいない。

なお、前に説明した「重要性の法則」は基本、「タテの因数分解」に適応されます。【法人向け】＋【個人向け】と因数分解し、【個人向け】は小さいため割愛します。

以上です。
皆さん、理解できましたか？

07 「ビジネスモデル」が因数分解を決める - これぞ醍醐味！

巷に蔓延る「無味無臭な」因数分解には、決定的に足りないモノがあります

ただただ算数的に因数分解をしたものは、面白味がない。誰がやっても大差ない“無味無臭”なモノとして捉えている人も多いことでしょう。

しかし、実は決してそんなことはありません。
むしろ味わいしかない。

うまみ成分たっぷりだと言っていいでしょう。
そして、その“味わい深さ”を生むのがビジネスモデルです。
結論から言いますね。

因数分解を考えるときは、ビジネスモデルを意識する。

では、具体例で学んでいきましょう!

例えば、「(飲み物の) 自動販売機の台数を推定しなさい」という問題があったとします。皆さんはどのように考えるでしょうか？

まずは、

【延べの自動販売機の購入回数】÷【自動販売機のキャパシティ】

これがぱっと浮かぶかもしれませんが、少し立ち止まってください。

因数分解はビジネスモデルの反映です。

では、「自動販売機」のビジネスモデルって、一体何なのでしょうか？

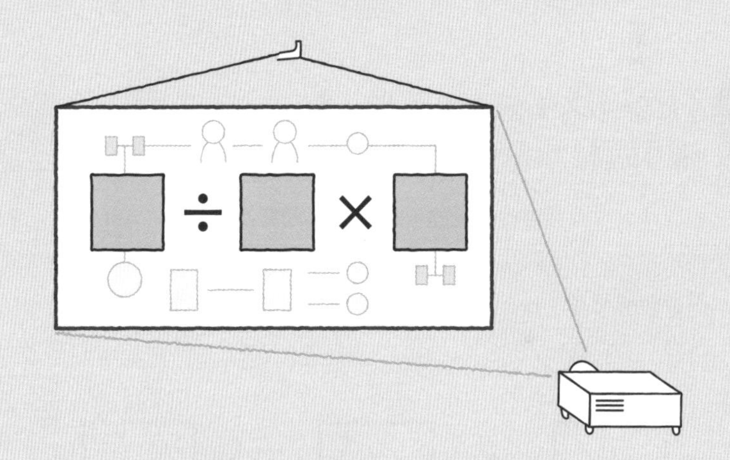

自動販売機事業とは、「ノドが渇いたな！→あ、自動販売機発見！→購入！」というタイミングキャッチビジネスです。ということは、KPI＝自動販売機事業を成長させるためのキーとなるのは「面を抑える」こと。消費者が「いつノドが渇くか？」なんて誰にもわからないから、自動販売機を色々なところに置くことになります。

であれば、因数分解は次のように考えるべきでしょう。

（飲み物の）自動販売機の台数
＝【日本の平地の面積】×【1平方メートルにある自動販売機の台数】

そしてこの後、「気持ち悪いドリブン」で、【1平方メートルにある自動販売機の台数】は都市部と郊外では置く台数が異なるとか、首都圏かどうかで異なるなどを考慮に入れていきます。また、道路での「タイミングキャッチ」だけでなく、駅などの「人が集まる場所」や、オフィスなども考慮に入れて因数分解を進化させていきます。

まさに、「因数分解の骨格を決めたもの＝ビジネスモデル」だと言えますよね。

「ビジネスモデルの反映」を、違う題材でもやってみます！

お題は、「（表参道の骨董通りにある）とあるコンビニの1日の売上を推定する」です。

因数分解をどうしましょうか？

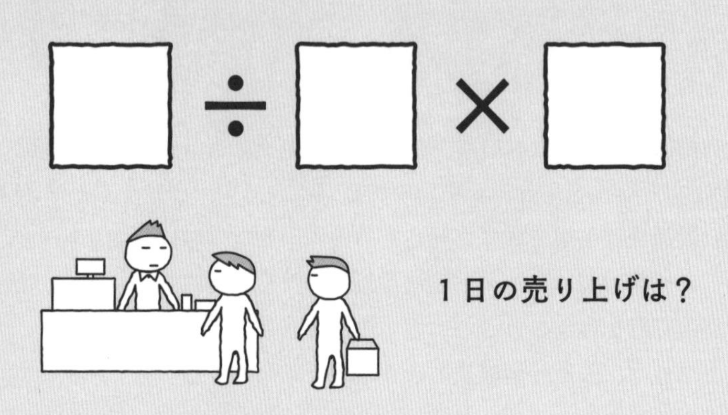

「レジの捌く量、待ち時間」で考える人も多そうですが、その前に「コンビニ事業って、一体何なんだろう？」と頭を巡らせる。仮に、お店が新しくできる時、上司から「このコンビニの1日の売上予測は？」と聞かれたら、どうやって考えるでしょうか？

コンビニは「商圏ビジネス」ですから、「レジが何台あり、1台で10人捌けるから」みたいなことよりも、「このコンビニの周りには、これくらいの住んでいる人と、働いている人がいて、その人達がどのくらい来てくれそうか？」的なことを考えてますよね。

ということは、どういう因数分解になるのでしょうか？

具体的には次のようになります。これは第2章でも出てきたので、しっかり読んだ方は「さっき説明してくれたよね？」と思ってくれたはず。本書は同じことを色々な角度から語りますので、読むにつれて少しずつ既視感が出てくるように書いています！

（表参道の骨董通りにある）とあるコンビニの1日の売上
＝【このコンビニの周りに住む／働く人の数】
×【このコンビニ利用頻度】×【1回あたりの利用金額】

そしてこれを、

【このコンビニの周りに住む／働く人の数】
＝（【500m圏内のマンションなどの住居施設数】
×【1つの住居施設のキャパ】）＋（【500m圏内オフィスの数】
×【1つのオフィスのキャパ】）

このように「タテの因数分解」を使いつつ、因数分解を進化させていくわけです。

違う題材（「タピオカ屋さん」）で更に学びます

最後に、もう1つやっておきましょう。本当にビジネスモデルを反映させながら因数分解していきます。これができるようになると、めちゃくちゃ楽しいですよ！

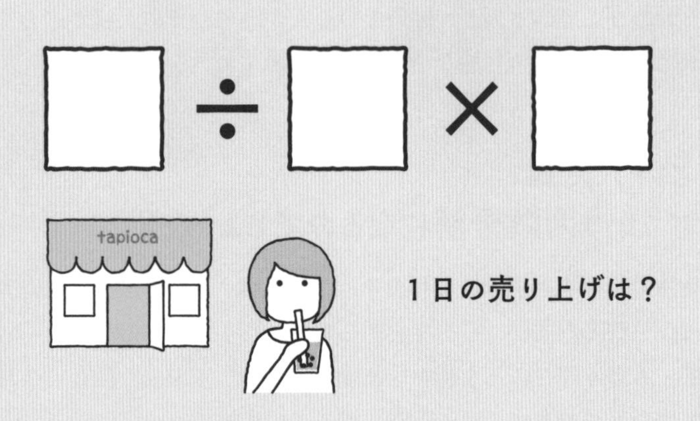

それでは、タピオカブームの時代に戻っていただき、「（原宿にある）とあるタピオカ屋さんの1日の売上」を推定してみます。

皆さんなら、どういう因数分解にしますか？

いくつか浮かぶと思いますが、「タピオカ屋さん」と言えばやっぱり「行列」でしょう。

タピオカ事業においては、「いかに、お客さんを捌くか？」がキーになることは間違いありません。となれば、次のようになりますよね。

（原宿にある）とあるタピオカ屋さんの1日の売上
＝【1時間に捌ける人数】×【営業時間】×【タピオカドリンク1杯の値段】

ただ実際には、「気持ち悪いドリブン」で、行列ができているとはいえ、空いている時間も考慮しないとダメだから値の置き方で調整していくことになります。

ここまで「自動販売機」「コンビニ」「タピオカ」と3つの例で見てもらったとおり、因数分解を決める際にはビジネスモデルを考えることが大事です。

これが普通にできるようになったら、フェルミ推定が更に楽しくなってきますよ！

08 「需要」or「供給」-因数分解の最大の分岐！

どこかで聞き覚えがあるフレーズ！「需要サイドで考えます」「供給サイドで考えます」

因数分解のパターンを2つに分類するとすれば、「需要サイド」と「供給サイド」となります。

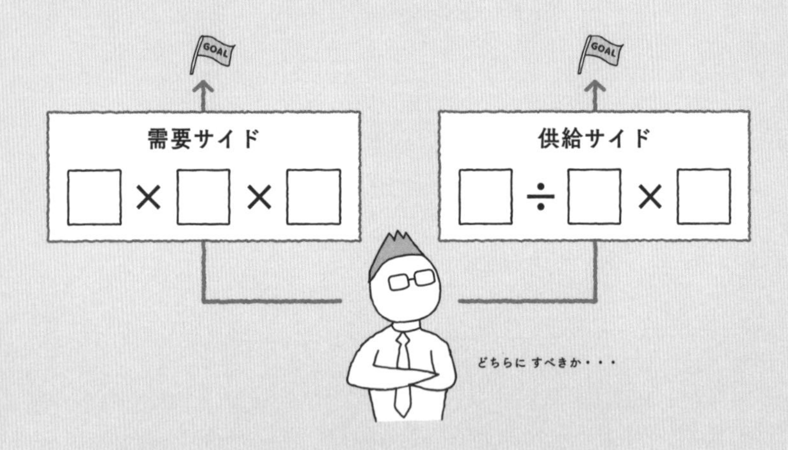

それでは、「スポーツジムの市場規模」を例にして説明していきますね。

まずは需要サイドですが、次のようになります。

●需要サイド

スポーツジム市場規模
＝【スポーツジムの会員数】×【年会費】

「需要」という響きの通り、「スポーツジム」というサービスを受ける側から、フェルミ推定をする。このように因数分解を考えることを、「需要サイド」と呼びます。

次は供給サイドです。次のようになります。

◉供給サイド

> **スポーツジム市場規模**
> **＝【スポーツジムの数】×【1店舗の売上】**

こちらは、「供給」という響き通りですね。

今回で言えば、「スポーツジム」というサービスを提供する側からフェルミ推定をする。このように因数分解を考えることを、「供給サイド」と呼びます。

なお、両者は言わば「両面」「裏表」の関係にあるわけなので、どんなフェルミ推定の題材であっても、「需要サイド」「供給サイド」のどちらでも因数分解できることになります。ですので、幸か不幸かフェルミ推定をする際には必ず、自分の判断軸を持ち選択しなければならないのです。

ということで、次の3-09のテーマはもうおわかりですよね。

因数分解の良し悪しを判断する方法について、語らせてもらいます！

09 「因数分解の良し・悪し」の判断基準 - なんと、3つもある！

1つの題材で因数分解が複数通りできる場合、どれを選べばいいですか？

因数分解の良し・悪しをいかに判断するか？について考えてみます。

先ほどの「需要サイド」「供給サイド」に代表されるように、因数分解のやり方は最低でも2つは作るべきですし、作ろうと思えば5~6個は作れる題材さえあります。

次のようなケースも、ざらにあるのです。

> あるコンサルティングファームのケース面接で、「コロナ禍における"東京ディズニーランド"の1日の売上高を推定しなさい」という問題が出題されました。
> 更に「値ではなく解き方を議論したいと思います」から始まり、ケース面接中「他のやり方はありませんか？」と、5回ほど聞かれました。

ですので、因数分解の良し・悪しをいかに判断するかは、非常に大事な論点となります。

因数分解の良し・悪しの判断基準は、なんと3つもあります

判断基準というか、指針は3つあります。

1つ目は、もうおわかりですよね。

第1指針＝「ビジネスモデル」との整合性

違う言い方をすれば、「現実の投影」です。
より現実に即した因数分解をすべきだ、ということになります。
2つ目の指針は、以下の通りです。

第2指針＝「その後の」議論との整合性

フェルミ推定をするということは、その先に目的があります。最もポピュラーな目的は、「課題を見つけ、売上を向上させる」ことですので、ケース面接でも次のような出題のされ方が多いのです。

?

今から、ある花屋チェーン全体の売上を推定してください。その上で、売上向上策について考えてください。

このように、フェルミ推定では「その後の」議論がありますので、その議論がやりやすい因数分解をするということが大事になってきます。

「ある花屋チェーン全体の売上推定」で、具体的な意味を学んでもらいます

それでは実際に、「ある花屋チェーン全体の売上を推定してください」というお題をやってみたいと思います。

例えば、次のような因数分解が浮かんだとしましょう。

ある花屋チェーン全体の売上
=【チェーン店舗数】×【1店舗の売上】
=【チェーン店舗数】×【そのエリアでお花を買う人の数】
×【このお店選択率】×【入店後の購入割合】×【客単価】

更にもう1つ、次のような「違う因数分解」も浮かんだとします。

ある花屋チェーン全体の売上
=【チェーン店舗数】×【1店舗の売上】
=【チェーン店舗数】×【お店の店員さんの数】
×【1人の店員さんが捌ける人数】×【営業時間】×【客単価】
×【営業日数』

皆さんは、どちらの因数分解の方が良いと思いますか？

どちらの因数分解が良いと思いますか？ 理由も併せてお答えください

さて、皆さんは選択せねばなりません。

その時に、

第２指針＝「その後の」議論との整合性

ぜひ、これを発動させてほしいのです（ここらへんから、味わい深さが濃密になります！）。

「その後の」議論ですから、今回で言えば当然「売上向上策」となりますよね。ですから、「いかに、お店に来てもらえるか？」を論点/課題に議論したいのであれば当然、1つ目の因数分解であるこれを選択します↓

ある花屋チェーン全体の売上
＝【チェーン店舗数】×【1店舗の売上】
＝【チェーン店舗数】×【そのエリアでお花を買う人の数】
×【このお店選択率】×【入店後の購入割合】×【客単価】

因数で言えば、【このお店選択率】が「なぜ、悪いのか？」をフォーカスします。そして逆に言えば、もう片方の因数分解ではやりづらいですよね。

一方で、「その後の」議論として「いかに、お客さんを捌くのか？」を論点/課題に議論したいのであれば、２つ目の因数分解であるこれを選択します↓

ある花屋チェーン全体の売上
＝【チェーン店舗数】×【お店の店員さんの数】
×【1人の店員さんが捌ける人数】×【営業時間】×【客単価】
×【営業日数』

因数で言えば、【1人の店員さんが捌ける人数】が「なぜ、悪いのか？」をフォーカスします。そして逆に言えば、1つ目の方の因数分解ではやりづらいわけです。

「ビジネスモデル」「その後の議論」ときて、最後の指針は「値の作りやすさ」です

では、最後の指針について説明します。

第3指針＝「値」の作りやすさ

最後の1つは、「逃げ」的な指針になります。これをビジネスでは「サプライヤーロジック」と呼んでいます。"作り手"のロジックで、行われる行為全てを指します。

「値が作りやすいから」なんて、クライアントに言えないですよね？だから「逃げ」なのです。

第1指針、第2指針で判断がつかない場合や、「議論中などに、咄嗟に計算しなければならない時」などに、あくまで「とりあえず」算出

する際に、算出しやすい方を選ぶということになります。
最後に、あらためて3つをまとめておきましょう。

第1指針＝「ビジネスモデル」との整合性
第2指針＝「その後の」議論との整合性
第3指針＝「値」の作りやすさ

皆さん、因数分解を選ぶのが、更に楽しくなったのではありませんか?

10 「絶対数」と「割合」-どちらを好むか

「絶対数」の方が、圧倒的に扱いやすいです

さてさて、因数分解の更に奥地へと冒険していきましょう。

因数分解を判断する基準については3-09で説明しましたが、『第3指針＝「値」の作りやすさ』に通じる話を、ここでしておきたいと思います。

いきなりですが、皆さんは野球が好きですか？

僕はそこそこ好きです。

例えば、「野球を趣味とする人の数を推定する」となった場合、皆さんはどのような因数分解を浮かべるでしょうか？

実はこれ、かなりレベルが高い話なんです。

仮に、次の2つの因数分解が浮かんだとしましょう。

◉パターン1（割合ベース）

野球を趣味とする人の数
＝【スポーツを趣味とできる対象人数】
×【スポーツを趣味とする割合】×【野球を選択する割合】

◉パターン2（絶対数ベース）

野球を趣味とする人の数
＝【野球ができるコミュニティ数（部活や、クラブ）】×【所属人数】

当然、どちらか1つを選ぶことになるわけです。
とりあえず、両方に数字を入れてみましょうか。

◉パターン1（割合ベース）

野球を趣味とする人の数
＝【スポーツを趣味とできる対象人数】×【野球を選択する割合】
＝【8千万人】×【1%】
＝80万人

◉パターン2（絶対数ベース）

野球を趣味とする人の数
＝【野球ができるコミュニティ数（部活や、クラブ）】×【所属人数】
＝【10万コミュニティ】×【20人】
＝200万人

さて、ここで『第3指針＝「値」の作りやすさ』を発動させてみます。
因数分解を選択する際に、次のことを考えてみてください。

「割合」ＶＳ「絶対数」

野球の事例で説明しますね。
「【野球を選択する割合】＝1％」と置きましたが、「答えの無いゲーム」なわけだし、1％なのか２％なのか、はたまた３％かもしれません。

そして実は、ここには大きな、大きすぎる「罠」があります。

というのは、「1％」と「2％」では、数字感覚的に「1」しか異ならない＝ほとんど変わらないのに、全体の数字は倍の「80万」と「160万」となり、「80万」も変わるのに肌感覚でそれを感じづらいのです。

一方で、「【所属人数】＝20人」であれば、倍になると「20人」と「40人」です。「20」も異なりますから、肌感覚も出てきますよね。今回の野球で言えば、子供が少なくなった中で「さすがに40人はいないだろう」的な議論がしやすいです。

なお、例外的ではありますが、「割合」でも扱いやすい場合があります。例えばですが、昭和時代に舞い戻り、その時代の「野球を趣味とする人の数」を算出するとしましょう。

◉パターン1

野球を趣味とする人の数
＝【スポーツを趣味とできる対象人数】
×【スポーツを趣味とする割合】×【野球を選択する割合】

野球全盛な時代であれば、「【野球を選択する割合】＝75%」となり、「4人に3人が野球を趣味にしている」となるので扱いやすくなりますよね。

これなら「パターン1」で全然OKです。

つまり、「この問題ならこれ！」というわけにはいかないのです。値の大小にもより、まさに「立体的に」選択していかねばならないのです。加えて、「誰がフェルミ推定を行うか？」によっても差が出てくる。

だから、フェルミ推定は面白くて奥深いのです!

ちなみにですが、第2章に出てきた「バスケットボール人口は？」を解く際にがっつり使っていたのが、この技術でした。

11 「レジ方式」はご用心 - バカの1つ覚えにも程がある（因数分解の罠①）

フェルミ推定中級者もハマってしまう「因数分解の罠」を解説させてください

ここから4つほど、皆さんがよくハマっている「因数分解の罠」の話をしたいと思います。「因数分解の罠シリーズ」の始まりはじまりです。

まずは1つ目の罠、それは

何でもかんでも「レジ方式=レジが1時間当たりにどのくらい捌けるか?」をベースに因数分解しようとしてしまう罠

です。

例えばこちら↓

あるコンビニの1日の売上推定
＝【レジの捌ける人数】×【営業時間】×【1人当たりの単価】

コンビニ限らず「スターバックスの1日の売上推定」でも、何でもかんでもレジ方式に当てはめようとする人がいます。

ですが、これは間違っているので注意してほしい。

理由ですが、簡単に言ってしまえば「コンビニの1日の売上」は「レジの捌ける人数」と、全くもって相関してないからです。

「売上高」と「レジの捌ける人数」はそこまで相関していない。

盲目的に「レジ方式」に囚われていなければ、少し想像すれば理解できるはずです。コンビニのレジを1つ増やしたところで、売上は増えません。もちろん、一部の地域×一部の時間帯においては、レジを増やすことによって少しは増えるかもしれませんが、コンビニはいつも混んでいるわけではありません。ですから、ブームの「タピオカ屋さん」とかでない限り、レジ方式を使うのはおかしいということになります。

あるいは、仮に皆さんが「コンビニの店舗開発長」であり、あるエリアに新しいコンビニの来月オープンが決まったとしましょう。その新しくできたコンビニの売上を推定するとしても、「レジ方式」では話になりません。そんなことしてたら、全てのコンビニが近しい売り上げになってしまうからです。

だから、基本は「商圏方式＝そのコンビニの周りにどのくらいの利用者がいるか？」で推定するはず。

やたらめったらに「レジ方式」は使ってはいけないと、ご理解いただけたでしょうか？

12 「稼働率」×「回転数」という矛盾 - 何も考えていない証明（因数分解の罠②）

まずは、「罠」にハマっている因数分解から見ていくことにします

皆さんがハマっているのは、「レジ方式」だけではありません。例えば、「あるラーメン屋さんの売上推定」というお題があったとして、次のような因数分解をする人がめちゃめちゃ多いです。

あるラーメン屋さんの売上推定
＝【席の数】×【稼働率】×【回転数】×【営業時間】×【単価】

そして、このように考えている人は大体、次のような説明をしがちです。

あるラーメン屋さんの売上推定
＝【席の数】×【稼働率】×【回転数】×【営業時間】×【単価】

これに数字を入れてみるとわかりやすいので、仮置きしますね。
【席の数】＝10席
【稼働率】＝25%
【回転数】＝2
【営業時間】＝8時間
【単価】＝1,000円

10席のうち25%埋っている状態で、1時間で2回転しながら8時間営業して、単価は1,000円。だから、単純計算で4万円です！

いかがでしょうか？
は？ってなりせんか？
これぞ、「算数的」にやってしまい、ハマるという典型例なのです。
では、どうすれば良かったのか？
実はこれ、少しだけ「ラーメン屋さんの気持ち」になるとわかります。飲食店、特にランチを重視している店の店長/経営者は、よく次のようなことを言っています。

昼の時間帯は、最低でも2回転したいですよね。

さて、この「2回転」とはどういう意味なのでしょうか？
もちろん、ある時間帯に席数の「2回転」分のお客さんに入ってほしい、という意味ですよね。ということは、次のように考えられます。

【回転数】＝【(ある時間帯に来た) お客様の数】÷【席数】

あるラーメン屋さんの売上推定
=【席の数】×【回転数】×【単価】

あるいは、もしも【稼働率】を使いたいのであれば、次のようになります。

あるラーメン屋さんの売上推定
=【席の数】×【稼働率】×【営業時間】×【単価】

因数分解ができたところで、「値を置く」をしてみましょう

数字を入れてみると、簡単な話です。

あるラーメン屋さんの売上推定
=【席の数】×【回転数】×【単価】
=10席×4回転×1,000円=4万円

あるラーメン屋さんの売上推定
=【席の数】×【稼働率】×【営業時間】×【単価】
=10席×50%×8時間×1,000円=4万円

このようになります。
最後に、貴方が一生罠にハマらないためにまとめておきましょうか。

【回転数】
ある時間帯において、どのくらいの【キャパシティ(=席数など)】分のお客さんが来たのかを表す。

【稼働率】
1時間あたり、【キャパシティ（＝席数など)】のうち、どのくらいが稼働したか？（＝埋まっていたのか？）を表す。

つまり、両者を同時には使えないのです。
利用するときには、ぜひご注意くださいね。

13 「需要」サイドがGoodな場合もある -「在庫」の概念(因数分解の罠③)

全般的に「供給サイド」に軍配が上がりますが「需要サイド」が良い場合もあります

いきなりですが、「ドラックストア」を題材に、皆さんが「なるほど、需要サイドも最高だな!」と思えるような話をしたいと思います。

例えば、「ドラックストアにおける風邪薬の売上推定」を算出する際は、どのような因数分解を行うでしょうか?

この時、「需要サイド」と「供給サイド」のそれぞれを考えてみます。

◉需要サイド

ドラックストアにおける風邪薬の売上推定
=【風邪を引く延べ人数】×【1回の風邪で飲む風邪薬の錠数】
×【1錠の値段】

◉供給サイド

風邪薬の売上推定
＝【ドラックストアの数】×【1つのドラックストアの風邪薬売上】

さて、皆さんならどちらを、どのような理由で選びますか？

先に正解を言ってしまうと、「需要サイド」となります。

いつもは「供給サイド」が選択されがちなのですが、このような題材においては「需要サイド」が圧勝するのです。

なぜ、風邪薬の売上を推定するときに「供給サイド」は使いづらいのでしょうか？

ポイントは「在庫」の概念にあります。

風邪薬やプロテイン、柿ピー、牛乳パックもそうですが、「1回で消費されず、家などで保管される」ものですよね。風邪を引いたので風邪薬を購入したとしても、次に風邪を引いたときは、家にある風邪薬があるため購入しない場合が多い。

このような「在庫」の概念がある場合は、「供給サイド」では捉えづらいのです。だから、「需要サイド」で考えるのが正解ということになります。

これこそまさに、「現実の投影」です。

題材となっている「商品、サービス」の消費のされ方に注目して、因数分解を選択する必要があるわけですからね。

14 「新規＋既存」で出すポンコツ因数分解 - 全員がハマっている罠（因数分解の罠④）

ここが最も難しいので、場合によってはスルーして第4章へ進んでください！

いよいよ、「因数分解の罠」シリーズの最後になります。

仮に「マッサージチェアの市場規模を推定してください」というお題だったら、皆さんはどうやって因数分解しますか？

例えば、次のような因数分解はどうでしょう？

マッサージチェアの市場規模
＝【既存の買い替え】＋【新規の購入】

マッサージチェアに限らず車市場や携帯市場でも、「今、持っている人の買い替え」と「今年、新規での購入」をそれぞれ算出するというのは算数的に正しく見えますよね。

でも、フェルミ推定に限って言えば、これは最善ではない。非常に“気持ち悪い”ことをしてしまっているのです。

このあたりから「算数」のセンスが問われてきます！

なぜ、最善でないのかというと、フェルミ推定には時間の概念がないからです。もう少し言うと、「時間の概念」を作ったとしても、作り出す値には時間の概念を「区別」しにくいからです。

> **マッサージチェアの市場規模**
> **＝【既存の買い替え】＋【新規の購入】**

既存と新規をそれぞれ、更に因数分解してみましょう。

◉Aの出し方

> **【既存の買い替え】**
> **＝【(N年時点の）旅館などのマッサージチェアを保有する施設の数】**
> **÷【耐用年数】×【1施設にあるマッサージチェア数】**
> **×【マッサージチェアの単価】**
>
> **【新規の購入】**
> **＝【(N年からN+1年）新規マッサージ購入者】×【単価】**

このように、「既存」と「新規」を分けたとします。

では、【(N＋1年の始まりの）マッサージ保有者】をどのように出しますか？

次のようになりますよね。

◉Bの出し方

【（N＋1年の始まり）マッサージチェア保有者】
＝【（N+1年の始まりの）旅館などのマッサージチェアを保有する施設の数】

値を作るときには、“N年時点の”数字と、“N＋1年の”数字を区別できなければなりません。でも、フェルミ推定では「未知の数字」を扱いますから、その粒度＝「1年」という時間の差を計算に入れるレベルではやれません。

ですので、「Bの出し方」で良いのです。

あえて言えば、もし「Aの出し方」をしてしまうと、

【既存の買い替え】
＝【（N+1年時点の）旅館などのマッサージチェアを保有する施設の数】
×【1施設にあるマッサージチェア数】÷【耐用年数】
×【マッサージチェアの単価】

【新規の購入】
＝【（N年からN＋1年）新規マッサージ購入者】×【単価】

このようになり、ダブルカウントしているとも解釈できてしまいます。ですので、因数分解の意味としては、「既存」＋「新規」というのは正しいのですが、値を作ることを考えると最善ではない、となるのです。

もしくは、「答えの無いゲーム」をしているわけですから、置く因数は少ない方が良いということでもあります。

注：ちなみに、僕もこの節は、数学の天才な親友に相談・確認しました。

15 「因数分解のパターン」-覚えておくべきパターンはいくつある？

覚えるべき「因数分解のパターン」は7つです！

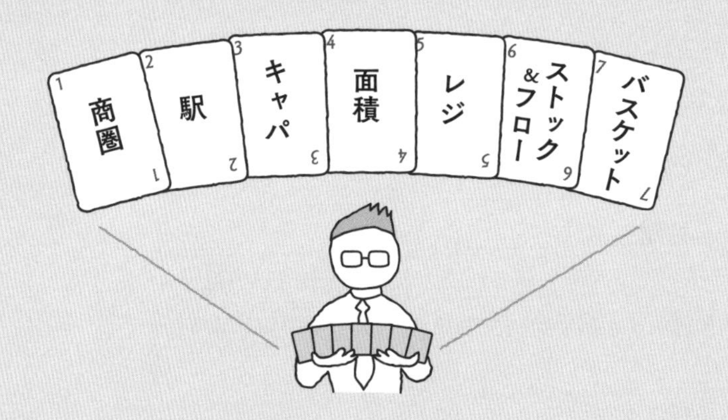

　では、因数分解の章の締めとして、「因数分解のパターン」を整理しておきたいと思います。目に見えないことを理解し、体現する際に行った方が良いのが、この「パターン認識」です。

　パワーポイントスライドの書き方でもスポーツでも、「今、習ったパターンは何で、いくつあるのか？」を整理しておくと、成長が加速します。実際に使う際に「これはこのパターン！」と頭の“引き出し”から出やすくなる。言わば、インデックスの役割にもなりますからね。

　それでは早速、「因数分解のパターン」を整理してみましょうか。

①商圏方式
商圏ビジネスを行っているコンビニなどの、店舗／サービスの「売上」などを推定する際に使います。

②駅方式
人が集まるところに店舗／施設を作る英会話スクール、スポーツジムなどの、「市場規模」などを推定する際に使います。

③キャパシティ方式
「席」や「部屋」などのキャパシティを起点に事業を行う、カフェ、マッサージ、ホテルなどの「売上」などを推定する際に使います。

④面積方式
「タイミングキャッチ」ビジネスの「市場規模推定」や、あまりに手がかりが無いテーマで推測をする際に使います。

⑤レジ方式
混んでる店舗（お客さんを集めることより、捌くことのほうが論点な事業）の「売上」などの推定に使います。

⑥ストックとフロー方式
「保有者を耐用年数で割り、1年間の売上に割戻す」と「延べ利用者数を頻度で割り、会員数に割戻す」の2つを指します。

⑦バスケットボール人口方式
「バスケットボール人口は？」の解き方を指します。

以上、これら以外にもまだまだあります。

さて、ここまで見てきた通り、「綺麗に構造化する」ことなど無意味です。自分の頭からの出しやすさが大事なのです。

だから、構造化など気にせず、
自由に「○○方式」を作っていきましょう。

「バスケットボール人口方式」のように、この問題にしか使えないというものでも全く問題ありません。

皆さんもぜひ、「因数分解パターンはいくつあるか？」を友達とやってみてください！

フェルミ推定は「値」

第4章

本書のテーマである「フェルミ推定の技術」の、最大の山場と言ってもいいでしょう。本章を読むにあたって、皆さんに是が非でも持っておいてほしい「心意気」を3つほど書かせていただきますね。しっかりと噛み締めておいてください。

①「答えの無いゲーム」の3つの原則を忘れない＝脱「答えのあるゲーム」

②読み進めつつ、自分でも「本書の題材」を解いてみる＝脱「評論家」

③「値の作り方」も暗記、そして暗唱＝脱「理解ドリブン」

「勘で何となく置けばいいのかな?」と思っていた皆さんをもう一段、プロフェッショナルな「値の置き方」の世界へお連れいたします。

01 「答え」を出す意味 - 全てはここから始まる

因数分解の次は「値を作る」の部分を全力で科学していきます

因数分解の次は、「値」の話をさせてください。皆さんの悩みが、おそらく全て解消される章になると思うので、じっくりと楽しみながら読み進めてください。

フェルミ推定は「答えの無いゲーム」ですから、それこそ1時間でも10時間でも時間をかけられますよね。なにせ「答え」が無いのですから、終わりはありません。

一方で、コンサルタントがクライアントの社長とディスカッションしている時や、コンサルのケース面接でフェルミ推定が出題された時は、時間が限られる。詳しくは第8章で語りますが、ベインだったら「3分」、BCGだったら「5分」の制限時間となっております。

では、ここで1つ質問です。次のAとB、皆さんならどちらを選択しますか？

A：とりあえず「答え」は作るけど、全体的に不完全
B：道中は完璧だけど、「答え」は出てない

僕が教えてきた感覚でいうと、Bになっている人が圧倒的に多い。でも実は、答えとしてはAに軍配が上がるのです。

それはなぜか？

フェルミ推定は「答えの無いゲーム」だからです。
議論をしないと始まらないし、終わらないのです。

だから「値」がないと、議論が始めづらいのです。

「とりあえず答えを作る」ことに価値はめちゃくちゃある

例えば、次のやり取りを見てください。皆さんも一度はこういう、「イライラ」まではいかないけど「あー、もー」という経験をしたことがあるかと思います（ちなみに、イライラしたら「イをムに」理論を思い出しましょう。ご存じない方は、僕の別書『変える技術、考える技術』を読んでみてください）。

自分：好みの芸能人って誰？
相手：芸能人かぁ、あんまりテレビ見ないからなぁ。
自分：いいよ、誰でも。芸能人の誰が好み？
相手：ちょっと考えるね。それは付き合う？結婚相手？
自分：まぁいいや、話を変えよう。最近、なんか買い物した？
（盛り上がらんヤツだな、こいつ）

これぞ「盛り上がらない」会話の典型ですよね。

なぜ、盛り上がらないのか？

それは、会話を次のステージに持っていけないからです。芸能人の名前をテキトーに＝まさに「不完全の答え」でもいいから言ってくれないと、先に進めないのです。

対して、何かしらの「答え」があれば、

自分：好みの芸能人って誰？
相手：あえて言えばYUKI、永作博美さんかな。

自分：そうなんだ。猫顔が好みなんだね。俺らの周りで誰かいたっけ？
相手：誰だろ？思いつかないけど、最近どっちも見かけないよね。
自分：だとすれば、安達祐実さんも好みなんじゃない？

このように、盛り上がることができます。
フェルミ推定は「答えの無いゲーム」ですから、議論しないと価値がないわけです。

だから圧倒的に「勘でも適当でも」いい。

何かしら、答えを作るべきなのです。
なお、「そうは言っても、作れない場合はどうするのか？」と思ってしまった真面目な人は、次のようなお題を出された場面を想像してみてください。

赤坂にあるスポーツジムの年間売上はいくらか？
3秒で推定してください。
（なお、答えられなかったら坊主にすること！）

いかがでしょうか？
3秒ルールでしかも「罰は坊主」ですから、咄嗟に適当に「1億円です！」みたいに答えますよね？
要するに、どんな問題でも答えを作ろうと思えば作れる。できないと言う人は、ただただ「答えを作らない」だけなのです。
フェルミ推定において、「答えを作る」は鉄則であり、礼儀だと思ってください。

「答えの無いゲーム」は、「スタンスをとる」ことから始まります

「答えを出す」という行為ですが、違う捉え方をすると「スタンスをとる」となります。この精神は「ビジネス」、そして「コンサルティング」の上で非常に大切です。

想像してみてください。

クライアントから「どっちの方向性に進めばいいのか？」と聞かれた際、「一概には言えませんね」とか「ケースバイケースですね」とか逃げてばかりいて、信頼を勝ち取ることはできるでしょうか？

当然、それは難しい。

勇気を持って、答えをエイヤで決めるから「議論」が進むのです。

つくづく、思います。

フェルミ推定を制する者はビジネスを制す!

02 「勘」と「根拠」-最終的には、全ては「勘」という現実を受け止める

フェルミ推定のさなか、何度も口ずさむのは「勘かな?」です

フェルミ推定は「未知の数字を、常識・知識を基にロジックで計算すること」ですから、どう転んでも推定の中には「勘」が絶対に入ります。でも、これを理解していない人が多い。だから、フェルミ推定の本質まで近づけない。

フェルミ推定は「勘」で満ち溢れている！

違う言い方をすれば、相手＝上司だったり社長だったりクライアントだったりしますが、説明した数字と、その相手の常識とで掛け算されたとき、「なんだかピンと来ました！」となればOK。それが、フェルミ推定なわけです。そして、「値」を作る道中に意識しなければいけない、自問しなければいけない言葉があります。それは、

勘かな?

です。作り上げた因数分解に対して値を置く度に、自分が置いた数字に対して「勘かな？」と自問してほしいのです。

『勘かな？』
YES ！→だったら、「ピンと来るように」何かしらの根拠を考えてみよう。
NO ！→ならOK。一度、これで相手にぶつけてみよう。

実際、どのように「勘かな?」を口ずさむのでしょうか?

まずは、スポーツジムの市場規模を具体例に実演してみたいと思います。

> 具体的にどうやって計算したのかと言いますと、
> 【スポーツジムの数】×【1店舗の売上】で計算しています。
> それぞれ、「5千店舗」「1億円」となりますので、
> 単純計算で「5,000億円」となります。
> 更にもう少し分解して考えており、1店舗の売上は
> 【1店舗当たり会員数】×【月会費】×「12か月」で計算しており
> それぞれ「1,000人」「1万円」「12か月」で、
> 単純計算で「1.2億円」となります。
> 店舗売上は、数字を丸めて「1億円」です。

このような答えを、1分間で作ったとしましょう。

その後で、自問=「勘かな?」をするわけです。

自分の回答を見直して、「勘」が含まれるところはどこか探してほしいのです。

おそらく、この回答の中で最も「勘成分」が多いのは、以下の部分ですよね。

> 【1店舗当たり会員数】=1,000人

このままだと相手にも「勘かな?」と思われて、ピンときてもらえそうにない。であれば、更に分解してみればいいのです。

【1店舗当たり会員数】＝【延べ利用者数】÷【利用頻度】
となり、それぞれの数字を「5千人」「週1」とする。
だから、会員数は1,250人。

「勘かな？」を自問しながら、因数分解も含め進化させていくわけです。

そして、これで終わりではありません。

もう1回、自問してみます。「勘かな？」と。

【延べ利用者数】＝5千人

これなんかも、「勘かな？」に引っかかりそうですよね。

一方で、

【利用頻度】＝週1（＝月4回）

こちらは、相手も含めて「まぁ、そんなもんだよね平均すれば」と、ピンときてもらえそう。そして、ひとまずはこれでOKとしようとなるわけです。

「勘かな？」を自問することで、おのずと、その値の根拠/リーズニングを探しにいくことになります。これが「値」の作り方であり、「進化」のさせ方となります。

03 「幅」が命 - 信じられる「最高と最低」の間の“ぬくもり”

「答えの無いゲーム」において、「最大でこのくらい、最低でこのくらい」は安心感です

時代を感じてしまいますが、少し前に「芸能人は歯が命」というCMが流行りました。それになぞり、フェルミ推定の「値」の作り方として、僕はよくこう教えています。

フェルミ推定は“幅”が命

というわけで、ここでは「幅」の話をしたいと思います。

フェルミ推定では未知の数字を扱うわけですから、どんなに賢い人が無限に時間をかけようとも、「これぞ正解！」な数字など出てきません。

だから「幅」。

「これとこれの間にありそうですね」というのが安心材料であり、信頼に足る数字ということになります。この辺の感覚を既にお持ちの方がいたら、センスありですね。

今回も「スポーツジム」を題材に説明させてください

「スポーツジムの市場規模を推定する」という題材について、「幅が命」を意識して解いてみましょう。

具体的にどうやって計算したかと言いますと、
【スポーツジムの数】×【1店舗の売上】で計算します。
それぞれ、「5千店舗」「1億円」となりますので、
単純計算で「5,000億円」となります。
もう少し分解して考えており、1店舗の売上は
【1店舗当たり会員数】×【月会費】×「12か月」で計算しており、
それぞれ「1,000人」「1万円」「12か月」で、
単純計算で「1.2億円」となり、
店舗売上は数字を丸めて「1億円」となります。
【1店舗当たり会員数】が最大の論点になりますが、
イメージできるジムで言えば最低でも500人。
キャパシティ的に1,500人が限界。
とすれば、
スポーツジム市場の規模は「2,500億円〜7,500億円」となります。
（丸めて計算しないと、3,000〜9,000億円になります）

このように「幅」を示すことで、地に足をつけた議論をしやすくできます。

例えば、皆さんが「スポーツジム市場へ新しいサービスをローンチしよう！」と考えていたとします。そうすると、この幅を示すことにより「仮に１％をひっくり返させたとしたら、25億~75億円か。悪くない！」という議論に発展していくわけです。

繰り返しになりますが、フェルミ推定は「調べることができない、訳のわからない数字を技術で算出する」というゲームなので、「最低でもこのくらい、最大でもこの程度」を知っておくのは本当に心強いのです。

04 リアリティチェックは礼儀 -妥当性の担保

リアリティチェックは必ずやる。これ、フェルミ推定の礼儀です

第3章で、「因数分解を2つ以上出し、どちらかベターの方を選択することが最良である」と説明しましたが、覚えていますか？

ここでは、そのことを活用して行きます。

リアリティチェックで信頼度アップ！

リアリティチェックという言葉、聞き慣れないかもしれませんが、ビジネス用語/フェルミ推定用語で「今、算出した値は本当に現実味のある数字なのか？」をチェックすることを指します。計算式的には合っているかもしれないけど、机上の空論どころかありえない数字になっていないかをチェックするのです。

なお、「リアリティチェック」と重厚な名前を付けていますが、やることはシンプルなので安心してくださいね。

リアリティチェックとして、
「違う」因数分解（＝やり方）で算出してみる

それでは、今回も「スポーツジムの市場規模」というお題で、実際にリアリティチェックを実践してみたいと思います。なお、お題を変えずにやるのは、僕がサボりたいからではなく、何か新しい概念を学ぶときは、教科書＝拠り所になる事例を作ったほうが断然、習得が早いからでございます。

具体的にどうやって計算したかと言いますと、
【スポーツジムの数】×【1店舗の売上】で計算します。
それぞれ「5千店舗」「1億円」となりますので、
単純計算で「5,000億円」となります。
もう少し分解して考えており、1店舗の売上は
【1店舗当たり会員数】×【月会費】×「12か月」で計算しており、
それぞれ「1,000人」「1万円」「12か月」で、
単純計算で「1.2億円」となります。

リアリティチェックをしてみたのですが、
今度は提供する側ではなく利用する側から因数分解をしてみると、
【スポーツジムに通おうと思う層】×【スポーツジムに通う割合】
×【年会費】となります。
仮に、市場規模を5,000億円とすると、それぞれの数字を1億人、
10万円とすると、スポーツジムに通う割合は5%となります。
ざっくり、20人に1人が通っている換算で近似値になりますから、
いい数字かもしれません。

このように違う方法で同じ数字を出すことにより、数字への信憑性を高めることができるのです。

リアリティチェックは日常茶飯事。コンサル時代の「ヒヤッと」体験です

少し、BCG時代の思い出をお話します。

僕の最初のケース（BCGではプロジェクトのことを、格好つけてケースと呼びます）は新規事業立案で、フェルミ推定で売上予測のシミュレーションをするものです。

あるミーティングで、チームとしてクライアント（幸か不幸かBCG

出身者）に対して、供給サイドから出した数字で「○○億円がポテンシャルになると思います」と発言するや否や、間髪入れず入社したての“僕”を名指しで質問してきました。

「高松さん。この数字って、会員1人あたりでいうと、月にいくら払っていることになるわけ?」

補足しておきますと、コンサル出身者特有の、と言ったら怒られるかもしれませんが、“上から目線”な言い方です。

その時、僕は咄嗟に答えました。

「100円です。」

実は、このやりとりこそがリアリティチェックだったわけですが、内心、本当にチームメンバーの先輩の久保さんにウルトラ感謝したのを今でも覚えています。なぜなら、実はミーティングの前日に、こう言われていたからです。

> 高松さん、きっとクライアントは僕らの数字をまだ関係上、信じてくれていない。だから、リアリティチェックしておいた方がいい。需要サイドからも出してみて、会員１人当たりいくらになるかを計算しておこう。

これぞコンサルスキルであり、「フェルミ推定の技術」と出会った最初の経験です。

蛇足ですが、その教えてくださった先輩は今でもBCGでマネージングパートナーとなり大活躍しているそうです。さすがですね。

以上、リアリティチェックは礼儀だよ！というお話でした。

05 ただの平均より「加重平均」-算数嫌いもこれだけは覚えて損は無い！

本書で唯一の小難しい算数＝「加重平均」の話をさせてください

フェルミ推定は四則演算＝足し算、引き算、掛け算、割り算ですから、計算が面倒ということはあっても、計算が難しいということはありません。しかし1つだけ、たった1つだけ、「あー、この考え方は難しいし、嫌い」と思ってしまいそうなのが、加重平均です。

とは言え、1分で理解できてしまうんですけどね。

例えば、次のような「貯金額のアンケート」が目の前にあったとします。

1,000万円：10人
500万円：40人
100万円：100人
10万円：850人

ここで「平均の貯金額がいくらでしょうか？」と言われたとして、さすがに

（1,000万+500万+100万+10万）÷4
=402.5万
お、結構みんな持ってるじゃん!

とは思わないですよね？

各貯金額の人数割合が異なりますから、単純に4で割ってしまうと

おかしなことになってしまいます。そして、その「人数構成」を加味&重み付けして算出する平均のことを、加重平均と言うのです。

具体的には、次のように計算します。

（1,000万×10人＋500万×40人＋100万×100人＋10万×850）
÷1,000人＝48.5万

「あー、びっくりした。自分だけ、貯金してないのかと思った」という感想になるわけです。これが、加重平均というものになります。

せっかくですので、フェルミ推定のお題で、加重平均を練習しておきましょう。

「スポーツジム」を題材に、加重平均を学んでいただきます

「スポーツジム市場規模を算出しよう」というお題の中で、「スポーツジムに入会している人の割合」を考えてみることにします。

セグメンテーションして、各セグメントの「入会率」を置きました。

◉入会率（対象人数、数字は仮置き）

中学生以下：0%（1,500万人）
高校生：１%（300万人）
大学生：5%（300万人）
社会人：10%（6,000万人）
シニア：5%（3,000万人）

さて皆さん、加重平均での入会率を出してみましょう。

中学生以下：0% × 1,500万人= 0

高校生：１％× 300万人=3万

大学生：5%× 300万人＝15万

社会人：10%× 6,000万人＝600万

シニア：5%× 3,000万人＝150万

↓

（0＋3万＋15万＋600万＋150万） ÷ 1億1千100万人＝7%

このように、世の中のうち7%は「ジムに入会している」という数字になります。

これが、加重平均というものです。

それでは、加重平均を理解したところで、第４章のメインディッシュである「田の字」の話に進みましょう！

06 値づくりのクライマックス「田の字」- まずはやってみよう！

「世代」で分けるセグメンテーションは「諸悪の根源」です

フェルミ推定というと、ほとんどの皆さんが「世代」でセグメンテーションして、それぞれの値を置いて解こうとします。

スポーツジムの市場規模推定をする際に「スポーツジムの入会率」を考えると、年代によるセグメンテーションを次のようにイメージする人は珍しくないでしょう。

10代以下	0%
20代	5%
30代	20%
40代	15%
50代	30%
60代	30%
70代以上	20%

このような表を作り、セグメンテーションしたぞ！と満足する人が本当に多いのですが、実はこれをセグメンテーションとは言いません。

「年代」でのセグメンテーションの問題点は何でしょうか？

同じ過ちを二度と繰り返さないように、問題点について矢継ぎ早に羅列させてください。

そもそも、50代・60代が同じ入会率であれば分ける意味がない。

このように違う年代に同じ数字を入れてご満悦な人がいるから、本当に気をつけてほしいです。これ、置き方を変えて50代を35%とかにすれば、解決したようにも見えますよね。でも、実はもっと大きな問題があります。

問題なのは、「各数字の意味が取れない」ということ。

意味が取れないセグメンテーションをしている人が、あまりに多いのです。

更に、

30代：20%⇔40代：15%
これは一見正しそうに見えるが、この「5%の差」を説明できるだろうか？

この問題。おそらく、説明はできないでしょう。なんとなく大きい・小さいで置いた、「意味の取れない」数字ですからね。そもそも、15%って100人中15人ですよね。約分しても、20人中3人。この精度に感覚を持っているわけがないのです。

20%・15%と差をつけているのも、「一見、正しそうに見せているが、数字をただただ置いているだけ」でしょう。意味など取れるわけがない。当然ですが、この数字を見た相手が「ピンと来た！議論しよう！」とはなりません。

もちろん、アンケートを取り、全てのデータがわかる時なら「年代」でのセグメンテーションが一定の価値を持つこともあります。でもそれは、「アンケートがそうだったから、そう置いた」だけであり、信じるは値しないでしょう。

百歩譲って、全ての数字を「取れる」場合には意味を成したとしても、

フェルミ推定が扱う「未知の数字」＝新規事業のポテンシャル、3年後の売上などには全く使えないし、意味を成しません。

では、どうしたらいいのでしょうか？

その時に大活躍するどころか、値を作る上でのヒーロー、クライマックスが、これから説明する「田の字」なのです。

当然、今回も「スポーツジム」を題材に、「田の字」の作り方を説明します

抽象的に説明してもピンと来づらいので、どのような頭の使い方で作るのか、まずは「田の字」を実践したいと思います。

もちろん、今回も「スポーツジム市場規模」のお題です。

具体的にどうやって計算したかと言いますと、
【スポーツジムの数】×【1店舗の売上】で計算します。
それぞれ、「5千店舗」「1億円」となりますので、
単純計算で「5,000億円」となります。
もう少し分解して考えており、
1店舗の売上は
【1店舗当たり会員数】×【月会費】×「12か月」
で計算しており、それぞれ「1,000人」「1万円」「12か月」で、
単純計算で「1.2億円」となります。更に、詳細には
【1店舗当たり会員数】＝【延べ利用者数】÷【平均利用頻度】
となり、それぞれの数字を6千人、週1とすると、
会員数は1,500人となり、更に【延べ利用者数】を分解しており、
【延べ利用者数】=【キャパシティ】×【平均回転数】×【月間営業日数】
となり、それぞれ100人,3回転,20日となり、6千となります。

ここまではいつも通りですよね。

さて、ここからが「田の字」の出番です。

議論になるであろう因数「平均回転数」を「田の字」してみます

「田の字してみる」とは造語ですが、「セグメンテーションを、年代とかではなく意味のある2軸で切る/分ける」という意味だと思ってください。ここで更に精緻に考えるべく、わかりやすい【平均回転数】に対して「田の字」を作ってみたいと思います。

> 「田の字」というのは、ビジネス用語では「2 by 2」とも言われるものです。2つの軸で、4つのセグメンテーション、カテゴリー、4象限に分けて考えることを総じて、「田の字」と呼びます。

具体的には、次の図のような感じになります。

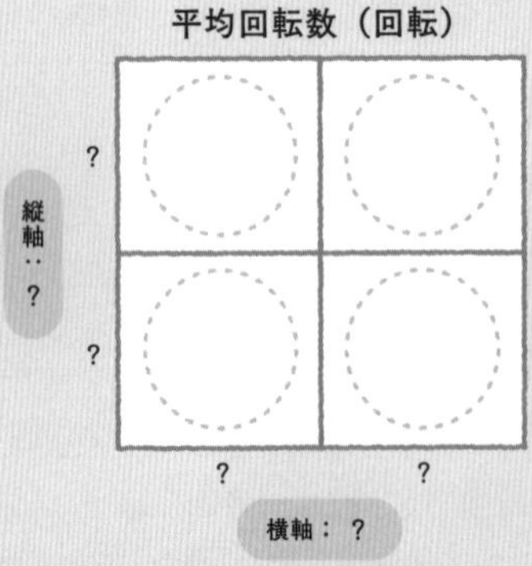

平均回転数（回転）

縦軸：？

？

？

？　？

横軸：？

さあ、書くぞ

- 田の字：【平均回転数】
- 中の数字は、そのカテゴリー毎の数字：どのくらい回転しているのか？

では、どのように考えるのかについて説明していきましょう。

セグメンテーションとは「セグメント」ですから、中に入る数字、今回で言うと【平均利用頻度】が異なる数字にならないと意味がありません。かつ、その中の数字に差がないと意味がありません。

とすると、「田の字」の中の数字としては、次のように「差がつく」のが理想的です。

・10回転
・5回転
・2回転
・1回転

逆を言えば、そうなるような「縦軸・横軸」を見つける。さらっと書きましたが、ここが1番のハイライトです。

「縦軸、横軸の2軸を決めてから数字」ではなく「差のついた数字を思い浮かべながら2軸を決める」とする（順番が逆）。なお、差のついた数字にならない軸は、軸ではない。

どのように、田の字の2軸を考えればいいのでしょうか？

逆に、「どの時間帯がより回転しているのか？（＝混んでいるのか？）」を想像しながら、2軸を決めることになります。

その時に強く意識してほしいのは、「最も回転している時間帯（＝最も混んでいる）」です。今回で言えば、「あー、その時間帯はめちゃめちゃ混んでるよね」となる時間帯です。理由は、極端なセグメントの方がピンと来やすいからです。

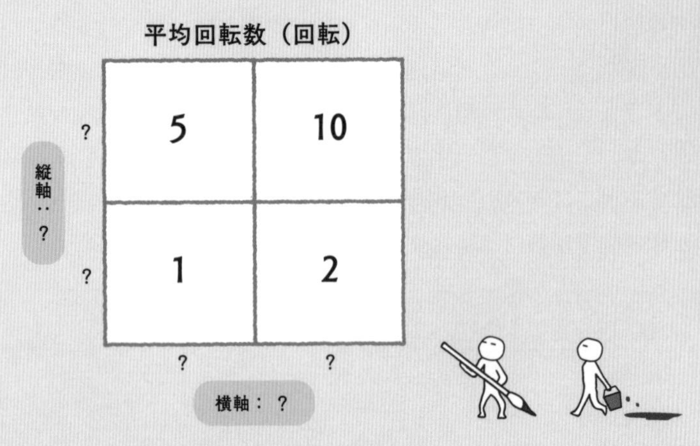

なお、左下が「bad＝小さい、少ない」、右上が「good＝大きい、多い」とするのが、直感にも合うのでお勧めです。つまり、「右上」が最も大切ということになります。

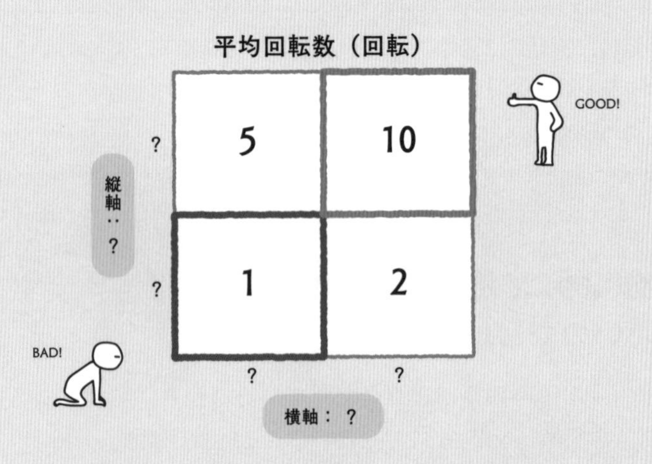

さて、ここからは「経験」や「論理」をフル回転して、2軸を決めることになります。といっても、「いつも行っているスポーツジムって、いつの時間帯が混んでるっけ？」と自問すればいいんですけどね。

土日の朝か夜が1番、混んでいる気がする。
サラリーマンの休みを考えても、そこが最もジムに通いやすい。

となれば、2軸は決まりましたよね。

1軸目＝「平日 or 土日」
2軸目＝「朝＋夜 or 夕方」

では実際に、この2軸で「田の字」を書いてみることにしましょう。

・10回転＝「土日」×「朝＋夜」
・5回転＝「平日」×「朝＋夜」
・2回転＝「土日」×「夕方」
・1回転＝「平日」×「夕方」

このようなイメージとなり、「田の字」は次のようになります。

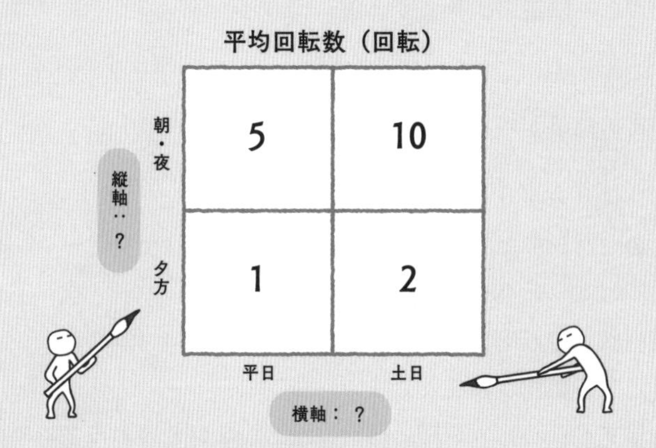

右上＝「土日」×「朝＋夜」：10回転
左上＝「平日」×「朝＋夜」：5回転
右下＝「土日」×「夕方」：2回転
左下＝「平日」×「夕方」：1回転

「答えの無いゲーム」だからこそ、「田の字」が威力を発揮します

フェルミ推定は「答えの無いゲーム」ですから、それぞれの値を単体で考えた場合、「正しい？正しくない？」が議論しにくいです。でも、比較感があれば議論できますよね。

●「答えの無いゲーム」の戦い方は3つ

①「プロセスがセクシー」＝
　そのセクシーなプロセスから出てきた答えはセクシー
②「2つ以上の選択肢を作り、選ぶ」＝
　選択肢の比較感で、"より良い"ものを選ぶしかない
③「炎上、議論が付き物」＝
　議論することが大前提。時には炎上しないと終わらない

この中の②番、まさにこれですよ、「田の字」を作る意味は！

つまりですね。4つのセグメンテーション同士を比較して確かめるのです。一つひとつの値には何にも意味を持たせられないので、4つ

の数字を比較することで「確からしさ」を勝ち取っていくイメージです。

今回で言えば、次のようになります。

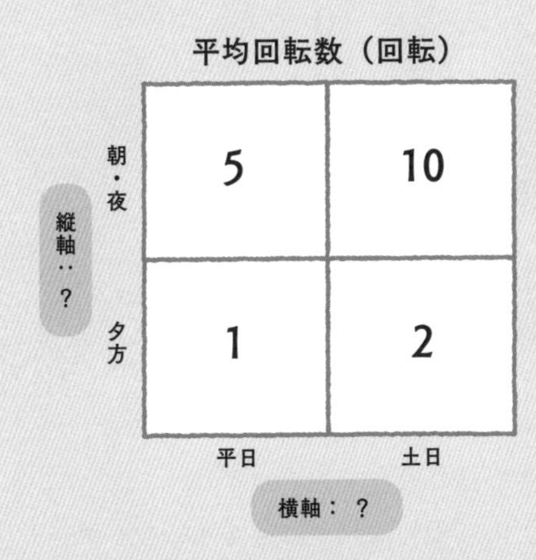

右上＝「土日」×「朝＋夜」：10回転
左上＝「平日」×「朝＋夜」：5回転
右下＝「土日」×「夕方」：2回転
左下＝「平日」×「夕方」：1回転

ここで、図を見ながら次のことを確認してみてください。

- 「土日」と「平日」では、「土日」の方が混んでいるとなってるけど、感覚に合う？
- 「朝＋夜」と「夕方」では、「朝＋夜」の方が混んでいるとなってるけど、感覚に合う？
- 「土日」×「夕方」と、「平日」×「夕方」ではどうだろう？

図を見ながらこれらについて比較することで、4つのセグメントの値の信憑性を上げていくのです。そこで辻褄が合っていなければ、何かがおかしいということになります。

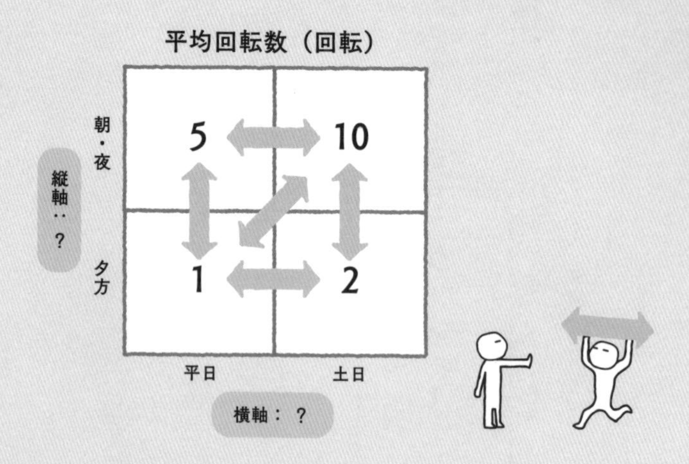

最後に、大事なことを繰り返しておきますね。

少し前の、年代などの「表」は完全に「答えのあるゲーム」で、そのカテゴリーの数字をただただ置くことが主眼となっていました。

対して、「田の字」は各セグメントの相対的な「大小」が主眼になっているからセクシーであり、「答えの無いゲーム」であるフェルミ推定には最適なのです。

07 「田の字」研究所 -ステップと注意事項

「田の字」を作るための5ステップを学んでいきましょう！

ここでは「田の字」の作り方をステップ解説しつつ、注意事項と落とし穴についても説明していきたいと思います。

ステップ1：どの因数にするかを決める
ステップ2：4つのカテゴリー/象限の数字を決める
ステップ3：「量」ではなく「質」のセグメンテーションになっているかをチェック
ステップ4：4つのセグメント/象限同士の辻褄があっているかをチェック
ステップ5：最後にリアリティチェック。加重平均してみる

ステップ1：どの因数にするかを決めましょう

最初のステップは、細かく言うと「5～7つに分解された因数のうち、どれを“田の字”に適用するかを決める」となります。

選ぶ際の基準は、次の通りです。

- 最も議論になりそうなものを選ぶ
- 「平均」＝ひとくくりで数字を置くと気持ち悪いものを選ぶ
- あえて言えば「セグメンテーション」なので、人の行動に関係する部分を選ぶ

「議論になりそう」というのは、聞き手がピンとこない、そして「その数字により結果が異なる」因数です。まさに、聞き手から「そんな値なの？」「もっと大きくない？」という無邪気な意見が沸き起こる因数となります。

ステップ2：4つのカテゴリー/象限の数字を決めましょう

セグメントを分けたのは「値が大きく異なるから」ですので、置く数字には差がないといけません。なので、置く数字には図のようなイメージを持ってください。

例えば、「スポーツジムの市場規模」の「入会」で言えば、次のようになります。

右上：100％＝「だいたい、その層は入会するよね」
左上：75％＝「そうそう、4人に3人は入会しそう」
右下：50％＝「半分は入るイメージだよね」
左下：25％＝「入ったとしても4人に1人」

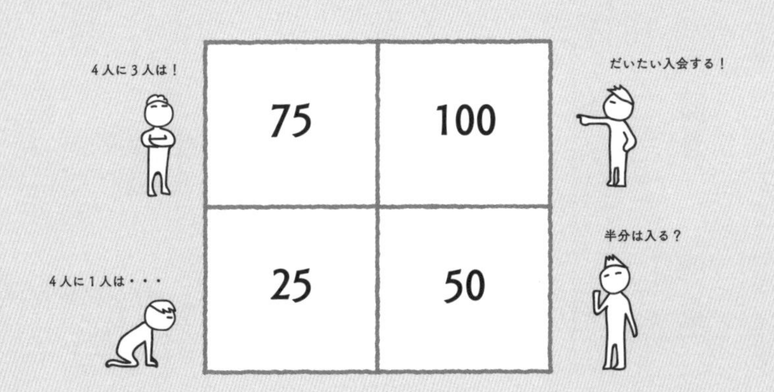

このような差を付けた上で、「意味を取りやすい」数字を置くことに注意してください。逆に「意味が取りにくい」数字で言えば、「60%＝5人に3人」が代表的です。5人に3人という精度でわかるもの、ある意味「中途半端」と言えるものは、フェルミ推定では基本、扱っていないので、その場合は「50%」と置くべきなのです。

ステップ3:「量」ではなく「質」のセグメンテーションになっているかをチェックしてください

「田の字」でセグメントに分けたのは、「値に差がつく、値が異なる」ためです。そのセグメンテーションの「値（＝ここでは入会率)」が異なることが第一優先。だから当然、4象限の「量（＝ここでは、そのセグメンテーションに当てはまる人の人数/構成割合)」は結果として、大きく異なることになります。

よって、「田の字」がうまくできているときは、「値もバラバラで差がついているが、そのセグメンテーションの量も差がついていないとおかしい」ということになります。

例えば、「スポーツジムの市場規模」の「入会」で言えば、次のようになります。

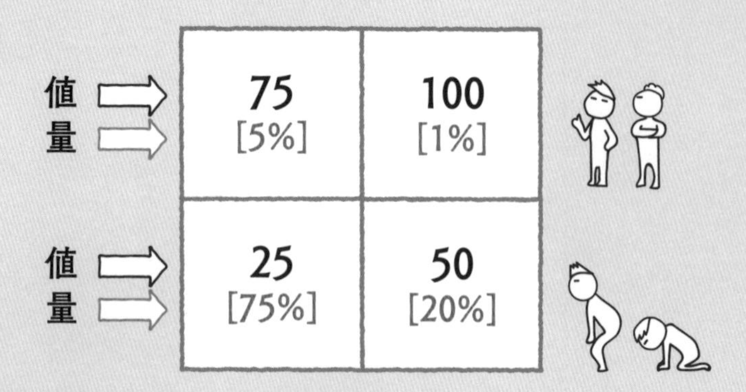

右上：100％＝「だいたい、その層は入会するよね」＝全体の1％
左上：75％＝「そうそう、4人に3人は入会しそう」＝全体の5％
右下：50％＝「半分は入るイメージだよね」＝全体の20％
左下：25％＝「入ったとしても4人に1人」＝全体の75％

なお、図の左下の「量」は、算数的には全体を100％とし、差で74％ですが、フェルミ推定的には75％で構いません。なぜなら、その誤差を認知できる粒度では計算できていないからです。

ですから、もし自分の作った「田の字」の構成割合が次のようになっていたら、

右上：全体の25％
左上：全体の25％
右下：全体の25％
左下：全体の25％

間違っているかな？と、もう一度「田の字」を作る意味から振り返り、作り直してみてほしいです。

ステップ4:4つのセグメント/象限同士の辻褄があっているかをチェックしてください

4つの値に矛盾がないかどうかが重要です。
それぞれを比較したときに

それぞれのセグメントの値の絶対値を気にせず、相対的にしっくりくるか?

このことを確認するようにしてください。
なお、比較した際に「あー、この値がもう少し少ないほうがいいかな?」となっても、基本的には先ほど説明した「意味のとれる数字」を優先した方が大吉です。それを始めると、結局“鉛筆なめなめ”が始まってしまい、フェルミ推定ではなく、ただただ「因数分解して、それぞれの数字を置いた」だけになってしまいますからね。

ステップ5:最後にリアリティチェック。加重平均してみてください

最後は、「田の字」の値と構成割合を用いて加重平均をしてみます。加重平均の数字を見たときに、「大きすぎる」「小さすぎる」といった議論ができることもあるからです。
もちろん、ここにも注意点があります。
マーケティングでもよく言われる話ですが、「平均値の人は実際にはいない」や「平均の罠=実際は極端に大きい・小さいしかいないのに、平均の真ん中がいるように思ってしまう誤解」という点には、注意してチェックするようにしてください。
では、以下の例でリアリティチェックしてみます。

◉田の字：【平均回転数】

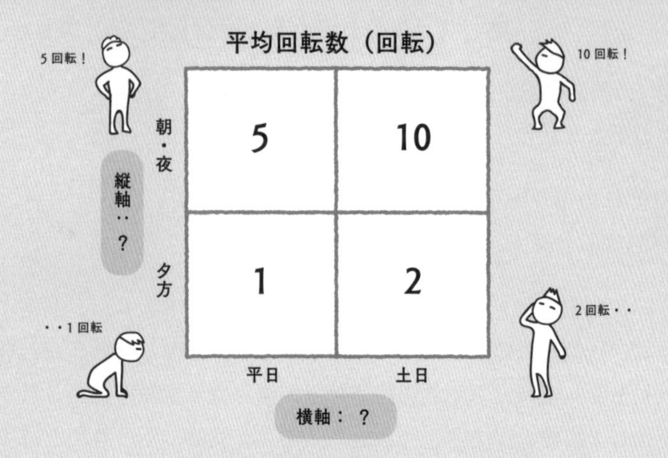

中の数字は、そのカテゴリー毎の数字：どのくらい「回転しているのか？」です。

右上＝「土日」×「朝＋夜」：10回転：
左上＝「平日」×「朝＋夜」：5回転
右下＝「土日」×「夕方」：2回転
左下＝「平日」×「夕方」：1回転

構成割合を出してみると次のようになり、

「平日」：5日間
「土日」：2日間

ざっくり「70％／30％」です。
そして「朝＋夜」と「夕方」は、ざっくり「50％／50％」となる。
とすれば、構成割合は次のようになります。

右上＝「土日」×「朝＋夜」：10回転＝15%
左上＝「平日」×「朝＋夜」：5回転=35%
右下＝「土日」×「夕方」：2回転=15%
左下＝「平日」×「夕方」：1回転＝35%

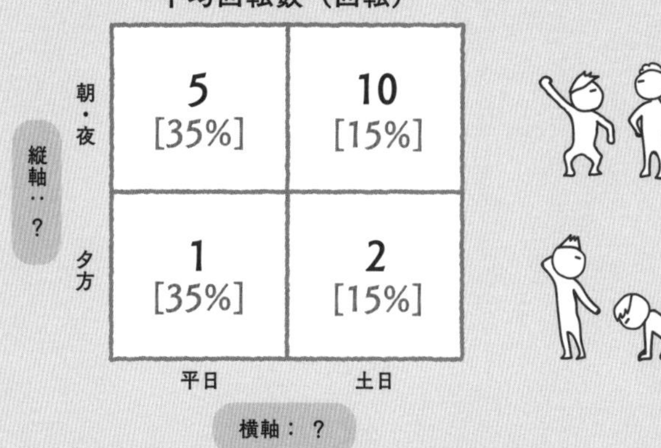

だから、計算すると次のようになるわけですね。

10回転×15%+5回転×35%＋2回転×15%+ 1 回転×35%＝3.9回転
≒ 4 回転

以上、このように「ざっくりと、時間帯＝6時間くらいで4回転ね」というイメージが掴めます。この数字には「まぁ、そんなもんかな？」となるはず。もしこれが「1回転」とか「10回転」に近い数字が出たとすると、さすがに「そんなに空いてない」「ここまでは混んでない」となるでしょう。

皆さん、堪能できましたか?
これがセグメンテーションの本質であり、「田の字」なのです!

第5章

フェルミ推定の話し方・表現すべきは「考え方」「働き方」

本章は、フェルミ推定の「話し方」を説明するための章ではありますが、これは「コンサルタントの話し方」ひいては「ビジネスコミュニケーション全般」につながる話だとお考えください。つまりは、一石二鳥、一石三鳥、それどころか一石n鳥。なお、本章だけは読むだけでなく、「声」を出しながら学んでいただくのがおすすめです。頭で覚えるというよりは「口が覚える」イメージで行ってください。

読んでいただくとおわかりになると思いますが、「ちゃんと伝える」ためには、ここまで細かいことにまでこだわる必要があるのです。まさに、フェルミ推定の真髄は細部にまで宿る！です。

01 伝わらないと意味がない/議論しないと価値がない－「苦い思い出」

「過去の苦い思い出」からの教訓ですが、伝える技術は本当に大事です

フェルミ推定は、伝わらないと意味がありません。議論しないと価値がありません。いくら第3章と第4章で習得した「フェルミ推定の技術」をフル回転させて、セクシーな因数分解＋ファンタビュラスな値を作ったとしても、伝わらなかったら意味がないのです。

実は、僕には苦い、苦すぎる経験があります。今でも、思い出すだけで冷や汗が出てきます。

BCGでプロジェクトリーダーとなり、初のプレゼンテーション。役員勢ぞろいの前で、皆と作りあげた「新しい営業体制、人員推定」のシミュレーションを説明する機会がありました（もちろん、フェルミ推定の技術を駆使して）。ところが、僕がしゃべり始めて15秒が経ったころ、副社長が言い放ちます。

全くわからない。
意味がわからない。

ディレクターの杉田さんが咄嗟にホワイトボードで説明をして事なきを得ましたが、会議の後、「プレゼンが下手だから資料の価値が目減りしている。練習しなさい」と、こっぴどく叱られたことは言うまでもありません。

皆さんには同じ思いをしてほしくない。

だからこそ、第5章のテーマは「話し方」なのです。

プレゼン内容が刺さらない以前に、「何を言っているのかわからない」などと言われる。そんな屈辱的な思いをさせないためにも、徹底的に話し方を伝授させていただきますね。

思考が深い人は得てして、お話するのが苦手です

その一方で、"お話がお上手な人は思考が浅い"となります。

とするとですね。

この本を読んでくださる最強な皆さんの弱点＝「お話するのが得意でない、コミュニケーションが苦手」だとします。

当然、僕はいつも次のように解釈して、話し方を伝授しています。

思考が人よりも深く、思考も複雑になるから、全てを表現しようとする。故に、思考に話す技術がついてきてないだけ。

ですので、下手ということは「思考が人より深い！」と自分を褒めながら、エネルギーを滾らせて、この章を楽しんでください。

02 言い古された「結論から言うべき」- その本当の価値とは？

フェルミ推定における「結論から言う」ことの価値は無限大です

フェルミ推定においても、何かと聞く「Conclusion First」＝「結論から言うべき」は適用されます。例えば、「スポーツジム市場はどのくらいになりますか？」と聞かれたら当然、「結論から言うべき」がビジネスの基本ですから、

回答＝「5千億円です。」

このようになります。

要は、相手が求めていることを最初に伝えることが礼儀だというお話です。「論点に答える」という基本の動作ですね。

そしてフェルミ推定の場合、更に深い意味と価値があるのです。

難しい説明だからこそ、「相手に論点を持ってもらう」ことが大事です

フェルミ推定では、聞き手が理解することが非常に面倒です。なにせ、因数分解が当然のように出てきてしまいますからね。だからこそ、「値」から説明することは重要な意味を持っているのです。

> 「値」を具体的に提示することで、相手に「論点」を持ってもらう。
> 「論点」とは、気になる疑問点/気持ち悪い点のこと。

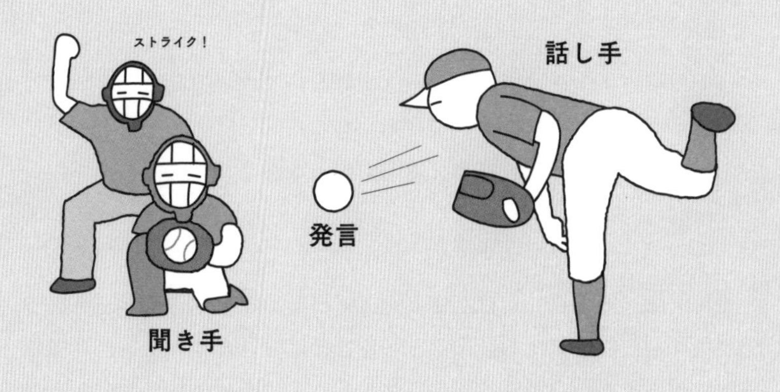

なお、「論点」は大変奥が深いので、今は「気になる疑問点」くらいに思っておいてください。後で、あらためて説明します。

フェルミ推定はそもそも「答えの無いゲーム」で、因数分解も複雑で暗算まで出てくるわけですから、聞き手には集中してもらわないと何も伝わりません。携帯をいじりながらでも理解できる雑談とは訳が違うのです。だから、何よりもまず聞き手に興味を持ってもらわなければなりません。

聞き手に「論点を持たせる」という意味を理解していただきます

具体例で説明していきましょう。

例えば「スポーツジム市場はいくら？」という質問に対して、ぱっと最初に「5千億円！」と答えることで、聞き手の頭にはどんな質問返しが浮かぶでしょうか？

おそらくこんな感じでしょう↓

・その値って大きすぎない？小さすぎない？（＝違和感）
・どうやって計算したの？（＝気になる点）
・どの因数が自分の肌感覚と違うのだろうか？
（＝更に気になる点）

聞き手に「違和感」を持たせる→「気になる点」を作らせることで、聞かねば！という気持ちを起こさせることになります。これが、“論点を持たせる”という意味でございます。

こうなればもう、こっちのもんです。ちょっとやそっと説明が拙かったとしても、聞き手は既に「気になっている」ので、ちゃんと聞いてくれます。

「前提」や「言い訳」は二の次。まずは「結論」＝○○億円！です

フェルミ推定の結果を説明するときは、

言い訳＝「まだ計算が緩いのですが、」
前提＝「計算結果を言う前に、前提をお伝えしますと、」

ではなく

結論＝「○○億円です！」と始めてください。

フェルミ推定という、未来を予測する、誰もが知らない数字を作る、まさに「答えの無いゲーム」をしているわけですから、相手に「論点＝違和感→気になる点」を自発的に浮かばせる／作らせないと始まらないのです。

そもそも、人の話を聞くのはストレスですし、複雑で、しちめんどくさいフェルミ推定なんて、普通の人は興味の欠片もありません。あるいは、すぐロスト（「何を話しているか迷子になる」の格好つけた言い方）してしまいます。

フェルミ推定に限った話ではなく、何かを伝えるときは「結論から言う」ことで、相手に「論点を持たせる」ことが大事なのです。

03 構造と値は分離。順序は「構造」→「値」-フェルミ推定もいつも通り

「構造」と「値」をごちゃまぜにしない。これが話し方の基本です

フェルミ推定において、「値を最初に言う」ことの本当の意味を知った後はもちろん、「中身をどう伝えればいいのか」という話になります。

質問に答えた上で説明する際の「伝え方」には、大原則があります。

- 「構造」と「値」を分離
- 「構造」→「値」の順番（交互）

大原則と書いたのは、フェルミ推定に限った話しではなく「ビジネスコミュニケーション」の全てがこの原則に従うからです。

更に言うと、フェルミ推定においては次の順番で話すことになります。

①「算出した値」（聞かれたことへの答え、回答）
②「因数分解」（構造）
③「因数ごとの値」（値）

「話すように」書いてみますのでご覧ください

では、「スポーツジムの市場規模を推定する」を題材に、正しい話し方について説明していきましょう。実際に話すように書いてみます。

スポーツジム市場の規模は「5,000億円」です。
具体的にどうやって計算したか？と言いますと、
【スポーツジムの数】×【1店舗の売上】で計算します。
それぞれ、「5千店舗」、「1億円」となりますので、
単純計算で、「5,000億円」となります。

注：値をグレーのマーカー、構造を紫のマーカーにしています（以下同）。

これを先ほどの原則に当てはめてみると、次のようになります。
実に明快ですよね。

①「算出した値」＝スポーツジム市場の規模は「5,000億円」です。
②「因数分解」（構造）＝【スポーツジムの数】×【1店舗の売上】で計算します。
③「因数ごとの値」（値）＝それぞれ、「5千店舗」、「1億円」となりますので、

フェルミ推定においては「因数分解式＝構造」「それぞれ因数の値＝値」となるので、このようになるわけです。

構造と値をごちゃまぜにしてはダメ。「始め」だけでなく「途中」も適応させます

「構造」と「値」を分離する話し方は、いつでも使わなければなりません。だから、今からもう一度、先ほどの「スポーツジムの市場規模を推定する」を題材に、ロングバージョンで体感していただきます。

スポーツジム市場の規模は「5,000億円」です。
具体的にどうやって計算したか？と言いますと、
【スポーツジムの数】×【1店舗の売上】で計算します。
それぞれ、「5千店舗」、「1億円」となりますので、
単純計算で、「5,000億円」となります。
もう少し、【1店舗の売上】は分解して考えており、
1店舗の売上は、
【1店舗当たり会員数】×【月会費】×「12か月」
で計算しており、
それぞれ、「1,000人」、「1万円」、「12か月」で、
単純計算で、「1.2億円」となります。

これは、

①「算出した値」＝スポーツジム市場の規模は「5,000億円」です。
②「因数分解」（構造）＝【スポーツジムの数】×【1店舗の売上】で計算します。
③「因数ごとの値」（値）＝それぞれ、「5千店舗」、「1億円」となりますので、

という最初の「構造」＋「値」で説明した上で、

②「因数分解」（構造）＝【1店舗当たり会員数】×【月会費】×「12か月」で計算しており、
③「因数ごとの値」（値）＝それぞれ、「1,000人」、「1万円」、「12か月」で、

と、新しい構造を示し、値で説明していることが見て取れると思います。

フェルミ推定の話し方は「ビジネスコミュニケーション」に通ずる、というか同じです

フェルミ推定の「伝え方」を習得すると、全てのコミュニケーションが非連続に向上するという話をさせてください。

●「趣味は何ですか？」と質問されたときの返し

私の趣味は、大きく3つあります。
1つ目は「サッカー」
2つ目は「麻雀」
3つ目は「YouTube」です。

どこかで聞いたことある「大きく3つあります」の響き。実は、これも「構造」と「値（=中身）」を分離した話し方だったのです。「今から説明することは3つあります」と構造を示し、その後に一つひとつ、値=中身を説明したということになりますよね。

「因数分解」（構造）＝私の趣味は、【大きく３つ】あります
「値」= 1つ目は「サッカー」、2つ目は「麻雀」、3つ目は「YouTube」

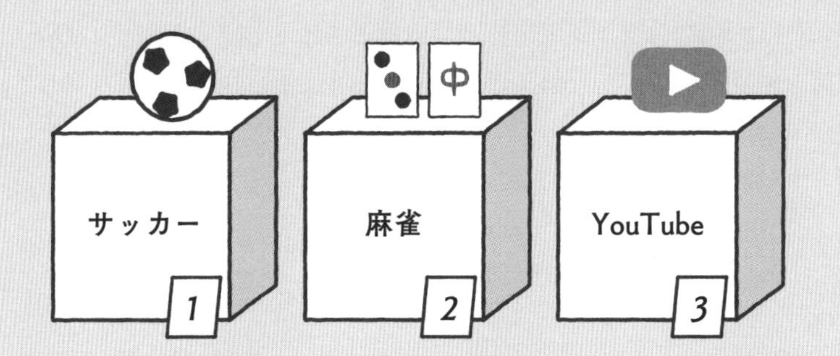

「構造」を「数」ではなく「カテゴリー」にする話し方も同様です

「大きく3つあります」という「数」で構造を示す話し方ではなく、更に「構造」を強く示す話し方もまた、「構造」と「値」を分けて伝える原理に沿っています。

> 私の趣味は、【アウトドア】【インドア】がそれぞれあります。
> 【アウトドア】はサッカー、
> 【インドア】は「麻雀」と「YouTube」です。

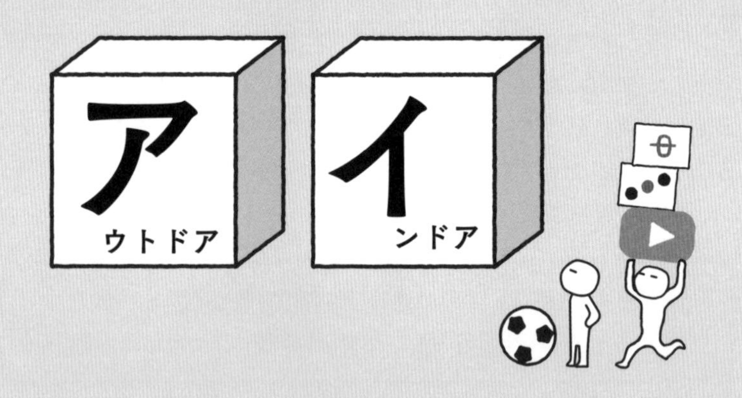

【アウトドア】【インドア】という構造を示し、その後に一つひとつ、値＝中身を説明したということになりますよね。

最後にもう一度、先ほどの話し方を見て「構造」と「値」の分離を噛み締めましょう

スポーツジム市場の規模は「5,000億円」です。
具体的にどうやって計算したか？と言いますと、
【スポーツジムの数】×【1店舗の売上】で計算します。
それぞれ、「5千店舗」、「1億円」となりますので、
単純計算で、「5,000億円」となります。
もう少し、【1店舗の売上】は分解して考えており、
1店舗の売上は、
【1店舗当たり会員数】×【月会費】×「12か月」で
計算しており、
それぞれ、「1,000人」、「1万円」、「12か月」で、
単純計算で、「1.2億円」となります。

皆さんもぜひ、「構造」と「値」を意識して話すようにしてみてください！

04 本当に伝えるべきことは「値」ではない -「答えの無いゲーム」が故の3原則

「伝え方」も当然、「答えの無いゲーム」です

細かい話し方のルール/Tips（コンサルでは“コツ”を格好つけて「Tips/ティップス」と呼ぶ）について説明していく前に、大切な話をさせてください。

フェルミ推定は「答えの無いゲーム」。
故に、説明すべきことの「力点」も異なる。
答えを伝えて「正解！」とはならない。

どんなに精緻に計算したとしても、そもそも聞き手にも合っているかどうかを判断する基準がない。だからこそ、「何を意識して説明するか」について誤解されている人が多いようです。

「答えの無いゲーム」の戦い方を覚えていますか？

「答えの無いゲーム」の戦い方は3つしかありません。

①「プロセスがセクシー」＝
　そのセクシーなプロセスから出てきた答えはセクシー
②「2つ以上の選択肢を作り、選ぶ」＝
　選択肢の比較感で、“より良い”ものを選ぶしかない
③「炎上、議論が付き物」＝
　議論することが大前提。時には炎上しないと終わらない

1 プロセスがセクシー

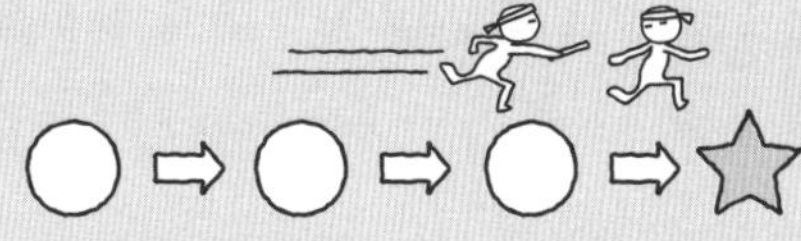

2 2つ以上の選択肢

どっちに
しようかな

3 炎上、議論が付き物

この「答えの無いゲーム」の戦い方を、今度は「フェルミ推定の伝え方」に重ねると次のようになります。

①「値」よりも「解き方」＝
答えを出すまでの「考え方」が何よりも大事
②「解くときは、できれば2つ以上の解き方を」＝
特に、因数分解は2通り伝える
③「報告・説明ではなく、議論」＝
議論を経て、聞き手と一緒に作り上げる意識

さて、ここから先は、サクサクと明日からでも「真似してほしいテクニック」を紹介していきますね。

05 「どうやって計算したか？というと」‐相手の論点を表現する

フェルミ推定の説明を上達したいなら「フレーズ」を暗記してください

実は、第2章を中心に、ここからお話しする「伝え方」「フレーズ」が既に登場しています。それらに改めて触れつつ、「なぜ、そうすべきか？」を科学していきたいと思います。

それこそ、本章の「スポーツジムの市場規模」の例であるこちら↓

> スポーツジム市場の規模は「5,000億円」です。
> **具体的にどうやって計算したか？と言いますと、**
> 【スポーツジムの数】×【1店舗の売上】で計算します。
> それぞれ、「5千店舗」、「1億円」となりますので、
> 単純計算で、「5,000億円」となります。
> もう少し、【1店舗の売上】は分解して考えており、
> 1店舗の売上は、
> 【1店舗当たり会員数】×【月会費】×「12か月」で計算しており、
> 単純計算で、「1.2億円」となります。

上記「具体的にどうやって計算したか？と言いますと」の部分が、崇高なる思いで僕が使っていた暗記してほしいフレーズになります。このような話し方を「論点を示す話し方」と僕は呼んでおりますので、皆さんも積極的に呼んであげてください。

フェルミ推定に代表されるような「ロストしてしまう（＝今、何の話をしているか、まさに迷子になってしまう）」ことを避けるには、聞

き手の思考力を活用するのが不可欠になります。「論点」＝問いを示すことで、聞き手は「今からその話が来るのね」と集中してくれるので、より伝わるのです。

それでは、皆さんに「論点を示す話し方」を感じていただくために、出川哲郎さんばりに大げさに使って、「スポーツジムの市場規模」を説明してみたいと思います。

スポーツジム市場の規模は「5,000億円」です。
具体的にどうやって計算したか？と言いますと、
【スポーツジムの数】×【1店舗の売上】で計算します。
それぞれの数字がどのくらいか？と言いますと、
「5千店舗」、「1億円」となりますので、
単純計算するとどうなるか？と言いますと、「5,000億円」となります。
もう少し、【1店舗の売上】は分解して考えており、
1店舗の売上をどうやって計算したか？と言いますと、
【1店舗当たり会員数】×【月会費】×「12か月」となります。
それぞれの数字がどのくらいか？と言いますと、
それぞれ、「1,000人」、「1万円」、「12か月」で、
単純計算するとどうなるか？と言いますと、
「1.2億円」となります。

いかがでしょうか？

「問い」を投げかけることで、より聞きやすくしているのです。

正直、経験則で言えば、フェルミ推定のような「しちめんどくさい説明」は、くどいほど丁寧に説明しないと全員はついてきてくれません。全力で語り切った後の、「アイム ロスト！」の響きは悲劇ですからね。

一石二鳥!「論点を示す話し方」は、ビジネス会話でも当然使えます

繰り返しになりますが、フェルミ推定の伝え方は特殊ではなく、ビジネスコミュニケーション全般に使えることだらけです。

例えば、「自社にサービスを説明する営業マン」を想像してみてください。

今回、ご提案したい内容は何か？と言いますと、
大きく3つございます。
1つ目は、以前よりも使いやすくなった機能。
2つ目は、価格体系も変わり、利用に応じて支払額が変わる従量制。
最後の3つ目は何か？と言いますと、
目玉のアフターサービスでございます。

このように「論点を示す話し方」を使うことで、聞き手の“注意”を集めることもできて最良な話し方となるのです。

06 「約」「およそ」は付けない -矛盾がそこには存在する

そろそろ、「約」「およそ」を付けるのはやめませんか？

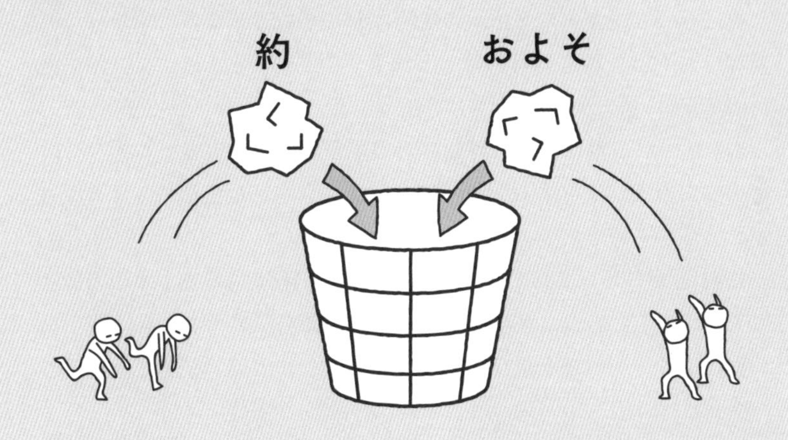

「神は細部に宿る」というわけではありませんが、話し方は細かい部分に拘るだけで、圧倒的に聞き手のストレスが下がります。

実は、本書ではわざと、以下の表現を使わないようにしてきました。

「約」
「およそ」
「おおよそ」
「だいたい」

もちろん、僕も空気は読めるので「付けたい気持ち」はわかります。でも今後一切、付けるのはやめてください。

理由はいたってシンプル。
無駄だからです。

フェルミ推定は「答えの無いゲーム」ですし、未知の数字を常識・知識を基にロジックで計算するわけですから、説明をどの部分でカットしても全てが「推定」であり「約」なのです。だから、「推定してください」というのがお題ならば、言わなくても「約」なのですから、付けるのは無駄なわけです。

更に言うと、フェルミ推定の説明はそもそも複雑なのですから、不要なワードはできるだけ排除し、聞き手のCPUを使わせない方が良いのです。

もう1つ、これは僕の世界観なのですが、推量の世界で“約”を付けてしまうと、“ある程度は合っています！”感がしてしまうような気がして怖いのです。

「約」と付けているけれど、算出した因数分解の「ある1つの因数は勘で置いた」ということなんてザラにあります。そうすると、「勘」なのに、「約」を付けると逆に信憑性が増してしまう感じがしてしまうのです。

だから、読者の皆さんへのお願いです。

今後一切、どれだけ禁断症状が出たとしても、
「約」や「おおよそ」は付けないでください。

07 「と、計算しました」はバカ発言-必要ないことは言わない習慣

「約」と同様、無駄なフレーズは「排除」してください

もう言いたいことは伝わってきていると思うので、サクッと説明させてください。理由は「約」と同じで、「と、計算しました」というフレーズも極力言わないでいただきたい。フェルミ推定は、そもそも「計算する」しかないわけですから、付ける必要はないのです。

では、あえて「模範誤答例」ということでやってみたいと思います。

> スポーツジム市場の規模は「5,000億円」と計算しました。
> 【スポーツジムの数】×【1店舗の売上】で計算します。
> それぞれ、「5千店舗」、「1億円」と計算しましたので、
> 単純計算で、「5,000億円」と計算しました。

どうですか？
うっせーわ！ってなりますよね。

計算する以外あるのかよ!
とツッコミを入れたくなりますよね。

少しだけ視座を上げると、話し方、伝え方も当然「答えの無いゲーム」ですし、言葉選びも当然、答えなどありません。故に、「2つ以上の表現を思いつき、選択する」という思考は大事となります。

なお、「計算をしました」という言葉1つも、「言う、言わない」を選択をし、その上で、この状況では「言った方がいい」という時は言っても構いませんからね。

08 数字は「丸める」-細かい数字からくる「精緻さ」は虚像

フェルミ推定の結果、「下一桁」まで伝えてしまっていませんか？

本当にできている人が少ないので、ここで細かい部分まで言葉を整えさせてください。

今度は「算出した数字」のお話ですが、皆さんは「精緻な数字の方が良い」という考えのもと、算出した数字をそのまま話していませんか？

それ、絶対的にNGですからね。

例えば、フェルミ推定で算出した数字が「4,758億円」だとします。「4,758億円」はもってのほかですが、実は「4,750億円」もアウトなのです。

数字を「丸めてない」輩は全部、アウトだと思ってください。

アウトどころか、数字を「丸めてない」人は頭を丸めてほしいくらいです。

なぜ、数字を丸めなければいけないのでしょうか？

「計算したのだから、そのままの数字を伝えたほうが良いのでは？」と思ってしまう気持ちはよくわかります。がしかし、それはアウト。

例えば、スポーツジムの市場規模の問題で、「4,758億円」と説明したとしますよね。

怖すぎます。

この表現が適しているのです。「怖すぎる」というこの感覚を根差してほしいのです。

なぜかというと、あくまでフェルミ推定というのは未知の数字、わかるわけのない数字をロジック/考える力で推量したものにすぎません。なのに、「4,758億円」のように1桁億円まで宣言してしまったら、必ず2つ誤解が生じてしまうのです。

誤解＝「そこまで、精緻な数字が出たわけ？」
＋
誤解＝「君は“フェルミ推定”というものを本当にわかっているの？」

怖すぎですよね。

だから、聞き手が感じる印象も踏まえて伝え方を考えねばいけません。それはつまり、丸めなければならないのです。

では、どのくらいまで数字を丸めた方がいいのでしょうか？

「4,750億円」は切りが良いからOK！ということには、残念ながらなりません。聞き手にしてみれば、「なるほど、4,500億でもなく5,000億でもなく、4,750億円なのね」と、そこまで精緻に出せるわけもないのに精緻な数字だと誤解されてしまうのです。

もちろん、その世界にウルトラ詳しい人であれば問題ありませんが、基本、未知の数を扱っているわけですから、そのオーダー（桁）/数字感では捉えることはできません。せいぜい、スポーツジム市場の問題であれば「1,000億円オーダーで言えば、4,000億円はありそうで、5,000億、6,000億はまでは行ってなさそう」くらいが関の山なはずなのです。

だから、不用意に「丸めない」はおかしいのです。

最後にもう一度、言わせてください。

気に入ってしまいました。

数字を「丸めてない」人は、頭を「丸めて」ください。

09 「素直に計算すると」- 第三者目線で考えられることの尊さ

「素直に計算すると」というフレーズ1つで、聞き手に安心感を与えられます

フェルミ推定は「答えの無いゲーム」ですので、プロセスがセクシーでなければなりません。これは、本書の存在意義とも言える原理原則です。だからこそ、フェルミ推定において説明するときに気を付けなければいけないことがあります。それは、今から説明するフェルミ推定の解き方は、普通なのか特殊なのかを認識しておくことです。

「誰がやってもそうなる、そうやる」いわば“普通”のやり方なのか
「私がやったからそうなる、そうやる」いわば“特殊”なやり方なのか

なぜなら、「聞き手の緊張感」をコントロールしたいからです。

“普通”のやり方であれば、リラックスして聞いてもらえればいい。でも、“特殊”なやり方であれば、丁寧に聞いてもらわないといけません。

そのことにより、同じことを話していても聞き手の理解度が変わるのです。

深いと思いませんか？

さて、話を戻しましょう。

だから、だからですよ。

フェルミ推定の説明においては、ぜひこれを↓

「素直に計算すると」

因数分解を示すときの枕詞として付けてくださいね。

「素直に計算すると」は、深層心理に響くスペシャルフレーズです

今回も「スポーツジム市場の規模」を例にして説明していきます。

> スポーツジム市場の規模は「5,000億円」です。
> 具体的にどうやって計算したか？と言いますと、
> 素直に【スポーツジムの数】×【1店舗の売上】で計算します。
> それぞれ、「5千店舗」「1億円」となりますので、
> 単純計算で「5,000億円」となります。

実は、この「素直に計算すると」にはもっと深い意味があるのです。

フェルミ推定＝「答えの無いゲーム」と深く関係してきます。

①「値」よりも「解き方」＝答えを出すまでの「考え方」が何よりも大事

簡単に言えば、答えが無いのだから、それまでのプロセス＝考え方、算出の仕方で聞き手を魅了しなければならないということです。そのプロセスをもって、聞き手は納得してくれます。つまり、「素直に計算すると」というフレーズには、次のような「考え」が背景にあるのです。

> 自己中心的な解き方ではなく、常に“通常なら”、“皆さんなら”、どう解くのかを意識して考え、算出してきました。

皆さんも、少し話しただけで「この人は賢い、賢くない」を感じたことがあると思います。それも、一つひとつの言葉遣い/ワーディングの積み上げなのです。逆に、素直な解き方が浮かばず、少し自己流・特殊な解き方をしてしまったときは、次のフレーズを使いましょう。

トリッキーな解き方をしてしまったのですが、

BCG時代の師匠の加藤広亮さんに、『プレゼンを上達するコツは「枕詞」を増やすこと。スライドとスライドの間など、“つなぐ”フレーズでいくらでも聞こえやすくなる』と言われたことを思い出しました。

皆さんも今日から、これを契機に「枕詞」を集めよう！

10 選択しなかった因数分解方法も語る-2つ以上のやり方から選んだという信憑性

そこまで考えてくれたなら、という思いを抱かせてください

②「解くときは、できれば、2つ以上の解き方を」＝
特に、因数分解は2通り伝える

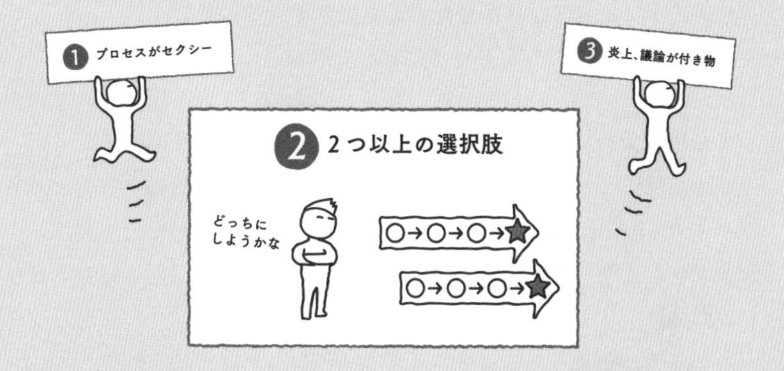

算出された値だけでは、というか、値では“良いか、悪いか？”は判断できません。ですので、値以上に、どのように因数分解するか＝複数ある中でどの方式を選択したのかが、大きな論点になります。

だから、意識的に「2つの因数分解のやり方」を提示して比較した後に、こちらを選択しました！という点に触れることが大事になってきます。

今回も「話すように」書きますのでご注意ください

スポーツジム市場の規模は「5,000億円」です。
具体的にどうやって計算したか？と言いますと、
素直に、【スポーツジムの数】×【1店舗の売上】で計算します。
それぞれ、「5千店舗」、「1億円」となりますので、
単純計算で、「5,000億円」となります。
それ以外の思いついたやり方では、
ジムを使うユーザー側から考えるやり方もありましたが、
比較の上、こちらを選択しました。

いかがですか？
最後の1フレーズが「信憑性」を高めてくれるのです。
皆さんも、想像してもらうとピンとくると思います。

彼女に、親友の誕生日プレゼントをお願いしたとしましょう。
その時に「ネクタイにしたよ」と言われるよりも、「候補として、ネクタイ、Airpods、高級チョコがあったんだけど、比較した結果、ネクタイにしたよ」と言われた方が、正解な気がしますよね。それと全く同じです。

大切だから、何度でも言いますね。
フェルミ推定は「答えの無いゲーム」だからこそ、相手との信頼の上にしか、「納得」はありません。だからこそ、「因数分解」「値」も、もちろん大事ですが、相手に伝える部分は「今まで以上に」戦略的に、センシティブになるべきなのです。

11 「緩い部分」を伝えるのが肝要 -"この数字は勘です"が安心を生む

「計算が甘い、緩い」部分は隠さない。その部分こそが議論のデザートです

さて、「答えの無いゲーム」の3つの原則につながる話で締めたいと思います。

> ③「炎上、議論が付き物」＝
> 議論することが大前提。時には炎上しないと終わらない

フェルミ推定は、「算出した結果とプロセスを伝えたら終わり」ではありません。その説明を踏まえて、議論時には「炎上」するほどの熱い議論をしてこそ意味を持ちます。だからこそ、聞き手に対して「ここが議論のポイントですぜ！」と前もって知らせながら伝えることが大事になってきます。

具体例を見ていきましょう！
今度も「スポーツジム市場」です

スポーツジム市場の規模は「5,000億円」です。
具体的にどうやって計算したか？と言いますと、
【スポーツジムの数】×【1店舗の売上】で計算します。
それぞれの数字がどのくらいか？と言いますと、
「5千店舗」、「1億円」となりますので、
単純計算するとどうなるか？と言いますと、「5,000億円」です。
もう少し、【1店舗の売上】は分解して考えており、
1店舗の売上をどうやって計算したか？と言いますと、
【1店舗当たり会員数】×【月会費】×「12か月」となります。
それぞれの数字がどのくらいか？と言いますと、
それぞれ、「1,000人」、「1万円」、「12か月」で、
単純計算するとどうなるか？と言いますと、「1.2億円」となります。
最後に説明を付け加えると、
【1店舗当たり会員数】を1,000人というのは、
もう少し時間をかけて分解して考えてみたい数字ではあります。

いかがでしょうか？

最後の1文、痺れませんか？

検討が緩い部分を強調することで、議論の方向性を示すことができますよね。聞き手の「じゃあ、今ここで議論してみましょうよ」とか「では、その部分がアップデートしたらご連絡ください」という声が聞こえてきそうですよね。

それが、最後の1文に込められた狙い中の狙いとなります。

更に言うと、

「緩い」部分を示すことで、「他の部分はある程度、気持ち良い数字になっているはず」ということを伝えることができるのも効果的です。

引っ越しをするときに、内覧した部屋で不動産屋さんから「1点だけ、洗面台の鏡が小さいことが欠点なんですよ」と言われた方が、物件への安心感が上がるのと同じことですね。

逆に、「緩い」部分を明示せず相手が信じ切ってしまい、いざ本番でもっとエライ人から「この数字どうなっているの？」と聞かれたら？そこで初めて、貴方が「その数字は勘なんです」と言おうものなら？

少なくとも、「先に言ってよ～もう～」程度では済まないでしょう。

だから、「緩い」部分はお早めに!なのです。

12 「伝える」のでなく「議論する」-“鉛筆なめなめ”報告は意味をなさない

フェルミ推定は、報告や説明のためではなく「議論するため」にあります

本書をここまで読み通した皆さんには“釈迦に説法”と思いますが、あえて違う言い方でお伝えして、第5章を締めくくりたいと思います。

フェルミ推定で算出される値は、
世の中で一番悪い言い方をすれば“鉛筆なめなめ”な数字です。

ちなみに、「鉛筆を”なめた”」とは、「テキトーに鉛筆を舐めながら、自分の思う・願う数字を書いては消しゴムで消して、また書いてを繰り返す。数字自体には根拠もない時」のビジネス表現です。
そしてある意味、フェルミ推定もそうなのです。
何せ、未知の数字を扱っているわけですから。

だからこそ、日本人が大好きな「会議を開いて報告する」というメンタリティでは意味をなさないのです。「議論して、時には炎上させる」というメンタリティを持たなければならないのです。

だから、皆さんは次の言葉を胸に刻んで、何度でもこの章を読み返し暗記・暗唱するようにしてくださいね。

フェルミ推定は、伝わらないと意味がない。
フェルミ推定は、議論できないと価値はない。

第6章 フェルミ推定は「ビジネス」を明るくする

皆さんは、自身の仕事の中で「フェルミ推定の考え方を活かせないか」と探索・思索したことはありませんか? フェルミ推定は決して、机上の論理ではありません。実戦的な思考法です。だから本章では、「フェルミ推定はビジネスの場面で活用できるのか?」という疑問を徹底的に解消していきます。

仰々しいコンサルタントや事業企画ポジションの人に限定した話ではなく、全てのビジネスパーソンをハッピーにする思考、それがフェルミ推定なのです。本章を読んで、「フェルミ推定の技術」の価値を10倍にしてください。そしてロジカルシンキングを超えましょう。僕は、フェルミ推定が圧倒的に使える技術であることを世の中に示したいのです。

01 フェルミ推定と新規事業 -「残マ」という造語

「フェルミ推定」はロジカルシンキングよりも「ビジネス」の武器になります

フェルミ推定は最強の思考ツールであり、ロジカルシンキングを超えると僕は思っています。しかし、しかしですよ。フェルミ推定と聞くと「はい、はい、はい、あのコンサル面接のでしょ？」と蓋を閉じてしまう人がいるらしい。多数、存在するらしい。

これは非常に悔しい。
大いなる誤解です。（N回目）

だから、第6章ではその誤解を盛大に解消させてください。

フェルミ推定は「ビジネス」の至る所で使える
最強の思考ツールだ!

僕は常日頃から、BCGでコンサルをしているときから本当に違和感を持っていました。「ロジカルシンキング」が最高だと語られていることが。本屋さんでもカテゴリーができるほど、ロジカルシンキングの本が沢山ありますよね。

でも皆さん、ちょっと考えてみてください。

皆さんは過去を振り返って、こんな発言をしたことがありますか?

あー、ロジカルシンキングを学んでおいて良かった~!

ロジカルシンキングに感動したことありますか?

僕は一度もありません。

しかしですよ、フェルミ推定を学ぶと間違いなく、必ずこの感動が待っています。

あー、フェルミ推定の技術を学んでおいて良かった~!

ということで、論より証拠です。

第6章では、典型的な具体例を7つ紹介させていただきたいと思います。

まずは王道中の王道「市場推定」＝ポテンシャル市場はどのくらいあるのか?問題です

まさに、「市場推定」こそフェルミ推定を使うべきテーマですよね。ビジネスでもコンサルティングでも市場推定にはフェルミ推定を活用するので、ケース面接でも市場推定の問題が頻繁に出題されます。

新しい商品やサービス検討する際は必ずやらないといけないのが、フェルミ推定の技術をゴリゴリに使った市場規模推定なのです。

さて、皆さんはご存じでしょうか、「残マ」という言葉を。

読み方は「ザンマ」なのですが、僕はこの造語の響きが好きで、何かと使っております。皆さんもぜひ、今日から使ってみてください。

「残マ」とは何の略かというと、「残マーケット」の略です。サービスやプロダクトが「あとどれくらいの売上拡大が見込めるか？」を推定するときに出てくる言葉であり、「残っているマーケット」の意味となります。この和洋折衷な造語、セクシーすぎますよね。この言葉を作った人って、センスありすぎだと思います。

それでは、この「残マ」を因数分解で説明してみましょうか。

「残マ」
＝【その市場のポテンシャル市場規模】－【そのサービスの売上高】

実際のビジネス/コンサルティングにおいては、市場全体だけでなく「エリア毎」「クライアント規模毎」などで事細かに算出し、「次のターゲットをどこにするか？＝残マがあるところを狙おう！」という感じで意思決定していきます。

フェルミ推定は、戦略立案のスタートポイントになります。
でも、ロジカルシンキングでは、そうはいきません。
打倒、ロジカルシンキング！

当たり前ですが、世界のグーグル先生も自らの事業の「残マ」は教えてはくれません。だからこそ、フェルミ推定の技術をフルスロットルで活用し、算出するしかないのです。ひいては、それができる「皆さん」に価値があるとなるわけです。

それでは、せっかくなのでもう1つだけ具体例を示させてください。

「自社製品であるミネラルウォーターの伸びしろは?」を算出するプロジェクトです

「残マ」の算出は戦略立案のスタートポイントですから、コンサル時代を振り返っても、たびたび登場してきます。そのプロジェクトの1つが、ミネラルウォーターの市場規模を推定し「残マ」を算出するプロジェクトです。

ケース面接とは異なり、ビジネスやコンサルティングで行う場合は「調べる」ことができるので、「気持ち悪いドリブン」をベースに算出し、できる限り精緻な数字を出せるよう努力することになります。ですので、逆に言えば「調べられる」ことを前提に、細かい因数分解になることも多くなります。

更に、実際にこのプロジェクトにおいては、「因数分解」「値を作る」という通常のステップに加えて、「シミュレーションをする」というステップが増えていきます。

◉因数分解

・デスクトップ調査から見えてくる「消費者行動」やビジネスモデルを勘案し、因数分解のたたき台を作る。
・そして、「生き字引」的な社員の方にミネラルウォーターの市場構造から、エリア毎の違い、競合の有無まで、フェルミ推定の土台になるインタビューを実施し進化させる。

◉値を作る

- クライアントから「売上データ」「販売数データ」などをもらい、ベースの数字を作る。
- そして足で稼ぐ。都内のスーパーなどを回り、どのように売られているかを見て回る。例えば、「ドラッグストアはミネラルウォーターが2種類で、2Lペットボトルが主」という感じまで調査する。

その上で、「+シミュレーションをする」が入ってくるわけです。

◉シミュレーションをする

- シミュレーションできる形でExcelシートを設計し、キーとなる因数分解の値を上下できるようにする。
- 見立てに「松竹梅」を付け、「強気なら○○億、弱気なら○○億の残マが存在しそう」という議論をできるようにする。

いかがでしょうか？
まさに、フェルミ推定の技術が大活躍ですよね。

このように、フェルミ推定はケース面接の為にあらず、なのです。

ですので、毛嫌いせずに、フェルミ推定の技術を勉強していただきたいです。

02 フェルミ推定と未来予測 -「10年後の冷凍食品市場は？」の外部要因

「少し先の未来を見る」手段は、タイムマシンか占うかフェルミ推定です！

フェルミ推定の出番は色々あります。

先ほどの「残マ」は現状の数字ベースでしたが、今回は「未来」の数字を扱います。事業運営においても年1では登場しますし、コンサルティングにおいては、まさに日常茶飯事なのが「未来予測」なのです。

典型的なのは、次のようなお題です。

「10年後の冷凍食品市場規模はどうなるのか？」を推定してください。

ある市場の5年後、10年後がどのようになっているのかを考え、推定する。例えば、自社の商品・サービスが根差している市場の10年後を推定することになります。

具体的に「10年後の冷凍食品市場規模とは？」をフェルミ推定してみましょう

ステップは3つあります。

ステップ1＝「現状の」冷凍食品の市場規模を算定する
ステップ2＝冷凍食品に影響を与えうる「外部環境の変化」を規定する
ステップ3＝その外部要因を踏まえ、「10年後の」冷凍食品の市場規模を推定する

◉ステップ1＝「現状の」冷凍食品の市場規模を算定する

当然、まずは因数分解から始まります。

もちろん、ビジネスの世界ではその道のプロもいるので、調査レポートを購入するという手もあるでしょう。しかし、現状ではなく未来、それも自分たちの商品・サービスの市場にフォーカスした推定をするためには、調査レポートでは足りません。

現在の冷凍食品市場の規模
＝【人口】×【食事の数】×【冷凍食品を使う割合】
×【1回の冷凍食品の値段】

細かい話ですが、冷凍商品には「在庫」の概念がある＝購入したときに全部消費しないので、「需要サイド」を選択する方が良いです。今回の論点ではないですが、フェルミ推定を学んでくると、こういう部分にも気になるようになるでしょう。

◉ステップ2＝冷凍食品に影響を与えうる「外部要因」を規定する

現状の値を10年後の値に変える必要がありますよね。ここが勝負所となります。ですので、現状の数字に影響を与えうる変化＝外部要

因を洗い出す必要があります。

例えば、【冷凍食品を使う割合】であれば、次のようになります。

・共働きが増えると、冷凍食品を使う割合は増える？減る？
・高齢化社会が進むと、冷凍食品を使う割合は増える？減る？
・コロナなのでリモートワークが増えると、冷凍食品を使う割合は増える？減る？

言わば、外部環境の変化との紐づきを丁寧に洗い出すわけです。

●ステップ3＝その外部環境を踏まえ、「10年後の」冷凍食品の市場規模を推定する

最後は、「外部環境」の影響を定量化することになります。

でも、未来のことなんて絶対にわかりません。答えなどありません。

ですので、キーとなる値に対して「松竹梅」を付け「影響が強ければ○○億、最低でも○○億の市場規模になりそう」という議論をできるようにすることになります。幅が命！！

戦略は未来に対して作るわけですから、未来予測は欠かせません。

だからこそ、フェルミ推定の技術に精通すると「未来はわからない」と思考停止せず、常識・知識とロジックで推定してやろうではないかと思考を深めることが習慣化できるのです。

それこそが、フェルミ推定を学ぶ最大の価値だとも言えます。

フェルミ推定を極めることで、
「未来」に強くなる→ビジネスを明るくすることができる！

03 フェルミ推定と中期経営計画 - KPIマネジメント

事業経営の旗印＝「中期経営計画」も フェルミ推定の上に成立しています

フェルミ推定の「市場推定」「売上推定」への活用はスウィートスポットど真ん中ですから、当然、事業経営の目標となる「中期経営計画」もフェルミ推定を土台としております。

中期経営計画は「3年」の事業計画を指し、論点で表現すると「社長、3年間でどのくらい売上伸ばせますか？」となります。まさにフェルミ推定ですよね。

そして、中期経営計画の場合、無骨な「因数分解」という名称を使わず、格好つけるためだけに名称が変わります。

このように↓

KPI＝ケー・ピー・アイ

「僕らの事業のキーとなる因数は､､､」と言うのはダサすぎるので、KPIという言葉を使い、大いに格好つけて「僕らの事業のKPIは､､､」と言うわけです。

中期経営計画は、フェルミ推定で因数分解を行い、キーとなる「因数」のことをKPIと呼ぶ世界です。

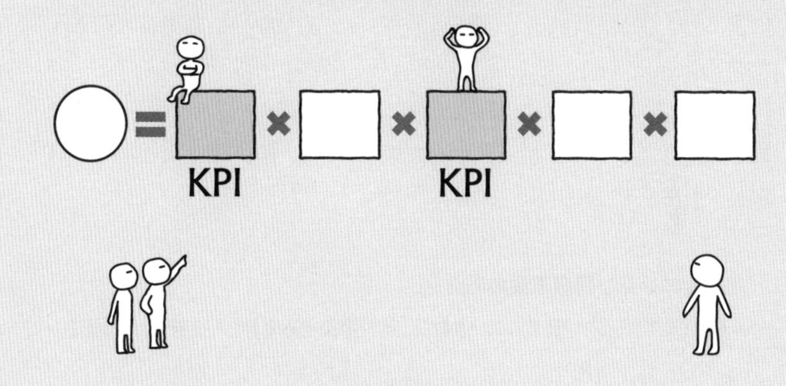

それでは、具体例を示しながら理解を深めて行きましょう。

僕の事業には、社会人向けに考える力を伝授する「考えるエンジン講座」事業があります。この事業を「広告がてら」取り上げてみたいと思います。

考えるエンジン講座事業の売上
=【考えるエンジンHP閲覧ユニーク数】×【無料相談申込率】
×【入塾割合】×【単価】

今まで習ってきたフェルミ推定と、何ら変わりませんよね。

もちろん、勘の良い人は、需要サイドではなく供給サイド＝講義のキャパシティも浮かんだかと思います。素敵です。

話をKPIに戻しましょうか。

考えるエンジン講座事業の売上
＝【考えるエンジンHP閲覧ユニーク数】×【無料相談申込率】
×【入塾割合】×【単価】

少しレベルが上がりますが、全ての因数をKPIと呼ぶわけではありません。意思決定として「変えられる」因数こそ、KPIと呼びたい。逆に言えば、変えられない（当分、変える予定がない）ものはKPIにしません。

ですので、今回の「考えるエンジン講座」事業で言えば、【単価】を外した【考えるエンジンHP閲覧ユニーク数】、【無料相談申込率】、【入塾割合】をKPIとしたくなるわけです。

考えるエンジン講座事業の売上
＝【考えるエンジンHP閲覧ユニーク数】×【無料相談申込率】×【入塾割合】×【単価】

【考えるエンジンHP閲覧ユニーク数】	【無料相談申込率】	【入塾割合】	【単価】
KPI	KPI	KPI	-

今回は1つの事業＝「考えるエンジン講座」だけを取り上げましたが（広告したいから載せているわけですが）、べつに「転職エージェント251CAREeR」「オンライン教材」「法人研修」であっても問題ありません。それらも「現実の投影」「ビジネスモデルの反映」ということで、因数分解に反映していくことなります。

フェルミ推定を通して「事業」をモデル化することができれば、それをベースに議論することができますよね。

KPIをあぶり出すことができたなら、事業経営をする中で、そのKPIが目標値と、どのくらいギャップがあるのかをトラックする。そして、そのギャップが生まれてしまった原因は何かを突き止め、その原因を解消する打ち手を導き出す。

この流れこそ、コンサル転職のケース面接の典型となります（後でがっつり解説しますが、「フェルミ推定」から「売上2倍施策」パターンになります）。

なお、KPIを「ドライバー」と言い換える場合もありますが、これまた単に格好つけただけです。何も変わりないので、気にしないでください。

世の中の仕事で言えば、「経営管理室」はこれを日々行っているイメージとなります。各事業のKPIを洗い出し、その数字を追っかける。そして、目標数字とギャップがあれば、原因を究明、打ち手を検討する。そして尻を叩く。

これぞ、フェルミ推定の為せる業ですよね。

04 フェルミ推定とシミュレーション - デューデリジェンス

企業価値推定、通称「DD」もフェルミ推定の権化です

デューデリジェンスという、企業価値を査定する仕事があるのですが、それを訳して、世の中では「DD」（読み方：ディーディー）と呼んでいます。

企業価値を査定するわけですので、当然、「現状」を踏まえて、今後「3年」「5年」と、DD対象企業がどのように成長するかを定量化することになります。

DDはまさに、フェルミ推定の権化！

具体的には、次のようなステップです。

①「DD対象企業の事業が現状どうなっているのか?」を因数分解し、
②KPIを炙り出し、
③市場などの3年後を推定し、
④それを踏まえて、KPIの3年後の数字を作り、
⑤DD対象企業の3年後の売上・利益などを推定する

なお、全てのステップにフェルミ推定の技術が必要になります。
違う角度で整理すればこう↓

DD＝「売上推定」×「市場推定」

しかも、DDは短期決戦になるため、まさにケース面接のフェルミ推定とも言えるでしょう。のんきにカスタマーインタビューをする時間もないから、パブリックデータと「フェルミ推定の技術」を駆使して、答えに近づけるしかないのです。

僕のBCGライフでも、フェルミ推定の思い出はやはりDDです

僕がBCG時代にやらせてもらったDD（ビジネスDD）を思い出します。始まったのは、ある12月25日のクリスマス。そして、最初のプレゼンテーションが新年の1月4日。その中で、DD対象企業の「企業価値」≒「売上予測」をするというお題。

先ほど説明した通り、因数分解しKPIを炙り出し、市場の未来予測を掛け算し、シミュレーションで売上予測の“松竹梅”を作り、「答えの無いゲーム」で社内議論し、クライアントとも議論していきました。

フェルミ推定の技術があったおかげで、心持ち静かに過ごせたわけですが、もしフェルミ推定の技術を習得せずに、このプロジェクトにアサインされていたら生き残れなかったでしょうね。

05 フェルミ推定と効果試算

「施策」と「効果測定」はセット。効果測定ももちろん、フェルミ推定です

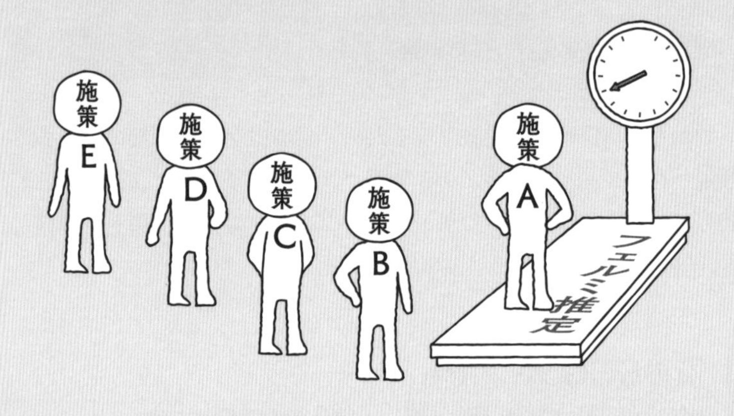

ご覧いただいてきた通り、フェルミ推定を活用すべき場面は明確に存在します。そして、市場推定、未来予測、DDといった大それたテーマでなくても、日常茶飯事で使います。

今回は、そんな話をさせてください。

施策の「効果測定」もフェルミ推定。

大なり小なりビジネスをしていると、売り上げを増やすため・コストを下げるために、何かしらの施策を講じる毎日になります。そして、少し大きめの施策を講じようとすれば、必ず付きまとう質問があります。

それがこれ↓

**その施策で、どのくらいのインパクトがありますか？
実行可能性はどのくらいですか？**

実行可能性は「ケイパビリティがあるか？」「適任の担当者がいるか？」と定性的な要素も含まれてきますが、インパクトは「定量化」ですから、まさにフェルミ推定の独壇場となります。

例えば、ライザップがより世間に広めようと「CM広告」を打とうとしたとします。そのとき、担当者はフェルミ推定を用いて、CM広告を出したことにより中長期的にどのくらいのお客さんが増え、結果、売り上げがどの位上がりそうかを推定し、社内稟議を通す必要があります。当然、施策の効果測定を行う必要があり、「ほら！フェルミ推定の出番！だ」となるわけです。

皆さんも下手すると毎日、フェルミ推定を使う機会に巡りあっているのですよ。

06 フェルミ推定と工数設計

日々行う「作業設計」「工数設計」も、実はフェルミ推定です

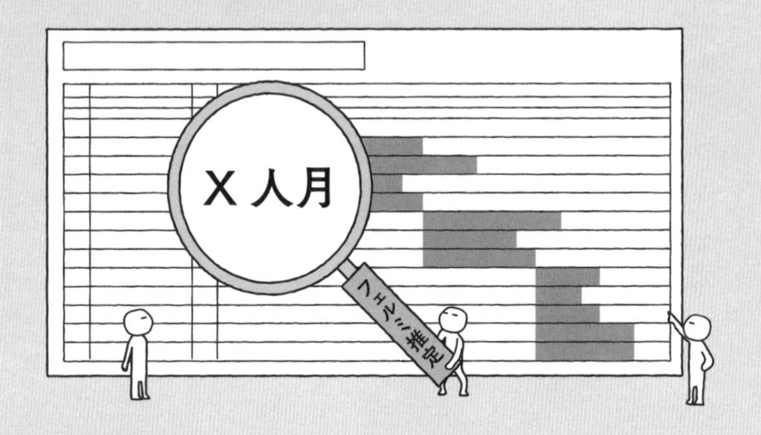

少し、僕のコンサル時代の話をさせてください。

BCG時代、大量のアンケートを実施したことがあります。それも、今時のネットアンケートではなく、紙アンケートです。しかも、「1万部」「紙にハンコで数字連番」「ホチキス止め」「郵送」「返信用封筒」と、果てしない作業がありました。

どんだけ時間がかかるんだよ!

膨大な作業で、いつ終わるかわからないという絶望。

そこに、フェルミ推定が光を灯してくれたのです。

実際に、フェルミ推定を活用して計算してみましょう。

1万部アンケートの工数
＝（【1つの封書を作るためにかかる時間】×1万部）
÷（【テンプスタッフさんが1時間で捌ける封書の数】
×【1日の実働時間】）

ざっくりと言えば、こういう感じになりますよね。

更に細かくフェルミ推定を用いて、工数設計をしていきます。【1つの封書を作るためにかかる時間】をステップ毎に分解して、それぞれ算出します。

- アンケート用紙を印刷する
- アンケート用紙にハンコを打ち、ホチキスする
- アンケート用紙と返信用封筒を封書に入れる
- 郵送向けに、別払いハンコを打つ

こんな感じに、プロセスに分解＝タテの因数分解をした上で、それぞれの工数をフェルミ推定していくことになります。そうすると、「どんだけ時間がかかるんだよ！」が「テンプスタッフさんを10人、3チーム＋リーダー。そのうえで、会議室を4つ予約し、土日フルフルでやれば終わる」という工数の目安を算出することができ、安心できるわけです。

作業を何も考えず始めて、「結果的に作業が2日で終わった！」というのではなく、作業を始める前に「作業は2日で終わる！」とわかることで、その次の作業を見通せることにもなりますよね。

更に副次的効果として、工数設計を丁寧にフェルミ推定で設計することにより、作業の抜け漏れをチェックすることもでき、作業自体の質も上がるのです。

フェルミ推定は工数設計の安心材料!

07 フェルミ推定と日常 -振り返れば「フェルミ推定」

日常至るところで、フェルミ推定のオンパレードです

「ビジネス」×「フェルミ推定」を小粋に語ってきましたが、日常においてもありますよね。あるんです。

ファイナンシャルプランナーはフェルミ推定マスター。

お客さんの人生の「お金面」を推測し、「いつ、どのくらいのお金が必要になりそう？」を予測し、それを踏まえた上で「どのような資産形成が必要か？」のアドバイスをくださるのが、ファイナンシャルプランナーのお仕事。

これはまさに、「人生」×「フェルミ推定」ですよね。

　特に、この場合は「収入」サイドではなく、「コスト」サイドを丁寧に因数分解することになります。収入を上げるのは一苦労ですが、コストは調整可能ですからね。
　コスト項目で因数分解を行い、この場合は「カテゴリー分け」がメインですから、「タテの因数分解」（＝住居費、教育費という風に）を行う。その上で、未来予測ですから、世帯のイベント＝子供の入学などを加味して上下させていく。
　まさにフェルミ推定です！

　このように、身近にもフェルミ推定の技術は使えますが、技術の習得が甘いと「あ、ここで使える！」と気づけません。
　これは非常に大変勿体ない。

だから皆さん、ぜひフェルミ推定マニアになりましょう!

第7章

フェルミ推定を「鍛える」ための方法

「フェルミ推定の技術」は、これまでの章を何度もお読みいただき、暗唱できるまでに仕上げてくださ い。そして本章では、ズバリ、僕を超えてもらうための「フェルミ推定の鍛え方」と、そのために解くべき「100問」を載せさせていただきました。

100問と聞いて、適当に選んだんでしょ?と感じる人もいるかと思いますが、断じて違います。過去にコンサル転職で出題された問題をベースに、愛と想像力を持って、「これをぜひともやってほしい」「これはやらなくてもいい」を口ずさみながら選び抜いた100問です。皆さん、ぜひともご堪能ください。

01 「因数分解」→「話し方」→「値」の順 - 鍛える順番こそ命

筋トレは部位毎に鍛えるのが鉄則。フェルミ推定も同じです

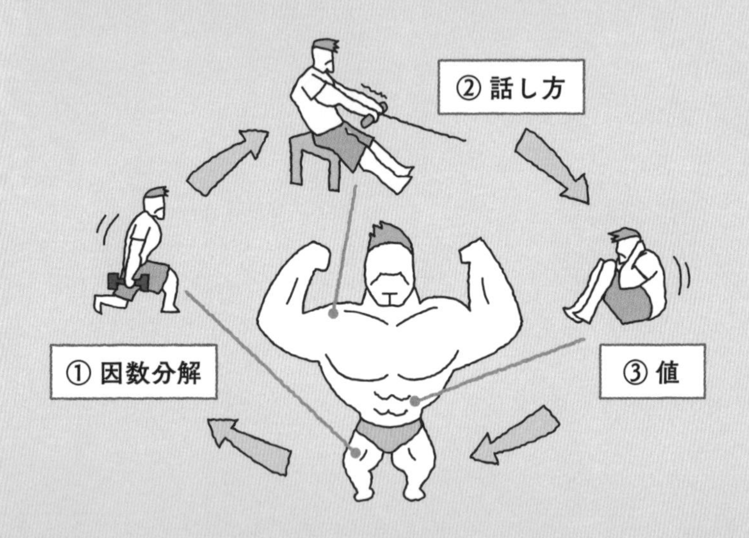

第1章から第6章までを読み終えた皆さんは、既に「フェルミ推定の技術」を学び終えていると言ってもいいでしょう。おそらく、ケース面接くらいならもう突破できるはず。

ですが、「ビジネスの現場」ではそうは行きません。

だから第7章では、フェルミ推定の技術の「教科書的な型」を学んだ後のステージ、つまり“自らを鍛えるステージ”へ進んでいただきます。そして、鍛え方をきっちりと学んでいただきます！

◉フェルミ推定を更に自ら鍛える際の構成要素

・因数分解
・値
・話し方

さて、ここで1つ注意点があります。

「因数分解」「値」「話し方」の3つの構成要素を一気に鍛えるのではなく、1つずつ鍛えてください。

多くの人が「問題を解く」ことで鍛えようとしますが、これはいわば、「因数分解」と「値」を同時に鍛えようとする行為。

それでは、大きな効果は望めません。

まさに、筋トレと同じですよね。パーソナルトレーニングを受けたことがある人ならわかるかと思いますが、「今日は肩の日」「前回は肩だったから、今日は背中」というように、部位を一つひとつ鍛えていきます。そしてそれは、フェルミ推定でも同じなのです。

実は、更にもう1つ注意点があります。

それは「鍛える順番」です。

◉鍛える順番

「因数分解」→「話し方」→「値の作り方」

このように、あえて「学んだ」順番とは異なり「値の作り方」を最後にします。

まずは、「因数分解」の鍛え方から伝授させてください

では、それぞれの鍛え方について説明していきましょう。

繰り返しになりますが、因数分解の学び方の最大のルールは「値を作る」ことを気にせず、“ただただ”因数分解だけをすることなのです。なにせ、実際に値まで作っていると時間がかかり、肝心の因数分解を学ぶことはできません。だから、よそ見をせず、因数分解だけを極めるイメージでいきましょう。

◉意識してほしい3つのポイント

・ただただ、因数分解だけをする。「値」なんて作らない。気にしない
・1つの問題に対して「2つ以上の」因数分解を作る。1つで安心しない
・問題を解く度に「因数分解のパターン」を増やしていく。（ベースは3-15で伝授した、7つの「因数分解パターン」）

体を鍛えるのであれば、「体脂肪16%を目指そう」や「お腹を割る」など、目に見えるわかりやすい目標を置くことが可能です。

しかし、フェルミ推定ではそうはいきません。

面白いもので、フェルミ推定は奥が深いため、やればやるほど上達していても「自分の出来なさ」を感じるものです。そんな"真面目な"皆さんに、10年間に渡って「フェルミ推定」を教えてきている私から次のテーマについてアドバイスをさせてください。

どこまで行ったらOKなのか?=ゴール、到達点

以下は、僕の生徒からもよく聞かれており、その際に僕が毎回話している回答でもあります。

インターネットで「フェルミ推定　問題」と無作為に検索して出てきた問題を見た際に「あ、この問題やったことあるな」と感じたら、そこで終わりとなります。

次は「話し方」の鍛え方です

「話し方」については、第5章で“ここまで拘るのかよ”という位にきっちり書いたので、お腹いっぱいかと思います。

ですので、ここで申し上げたいメッセージはたった1つ。

ひたすら声に出せ!

◉意識してほしい3つのポイント

- 最初のうちは、「回答」を“口語で/話し言葉で”スクリプトを作る
- 読むだけでなく、実際に「声を出す」。暗記して暗唱！
- 「紙」などを使わず、「声」だけで理解できるかを誰かに話してみる

最も差が出るのが、この「声を出す」という行為。なぜなら、圧倒的多数の人が「声を出しての練習」を怠るからです。

だから、

言葉が整うと思考が整う。

この言葉を絶対に忘れないでください。

つまり、フェルミ推定の話し方が整ってくると、思考=「因数分解」や「値の作り方」の考え方も整ってくるということです。

最後は「値の作り方」の鍛え方です

「値の作り方」の場合、第4章で学んだプロセスに沿って問題を解いてください。近道はありません。値の作り方が鍛えづらいのは、自分で算出したところで「何をもって正しいと判断するか？」が非常に難しいという問題があるからです。算数などのように添削ができるわけではないので、厄介なのです。

◉意識してほしい3つのポイント

- 算出された「値」の美しさではなく、「算出の仕方」=プロセスが美しいかをチェックするイメージ
- 因数分解とは異なり、数多く問題を解くより「1題」をじっくり“あーでもない、こーでもない”といろいろな角度から試行錯誤する
- 決して、「算出した値」と「検索した統計的なデータ」を比べて近い！からOKというのはやめる。「答えの無いゲーム」を解いているのだから！

なお「1題」をじっくりというのは、例えば「あるスポーツジムの年間売上」という問題を、「キャパシティ方式」「商圏方式」は当然として、それ以外のやり方で解いてみて噛み締めるということです。

最後に繰り返します。

フェルミ推定の構成要素毎に「意識してほしいこと」は異なるので、鍛えるときは“いっしょくた”にせず、1つずつ分けて鍛えましょう!

02 「学びサイクル」-“アンキモ”。そう、暗記が肝

フェルミ推定などの「新しい概念」を学ぶときは「暗記」が肝です

フェルミ推定を学ぶ際、というか、全ての学びに通じる話をさせてください。

何か物事を学ぶ際は、次のサイクルしかありません。

①暗記する
②“不自然に”使う
③違和感を発生させる
④質問する

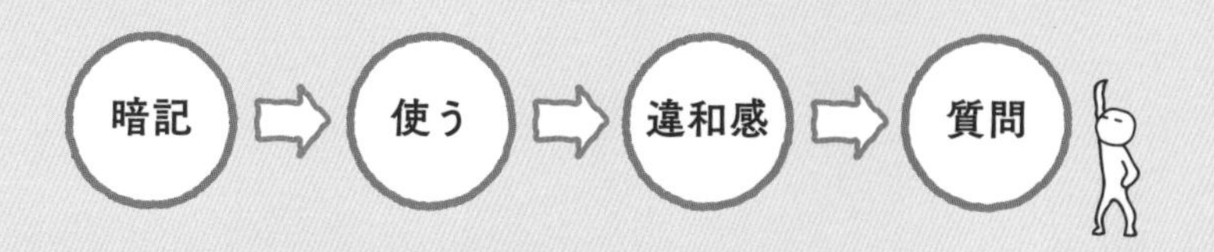

僕はこれを、「学びサイクル」と呼んでいます。そして、この「学びサイクル」に合わせて再度、フェルミ推定の学び方を解説させてください。

①「暗記する」についてです

まずは暗記しましょう。暗記というか、「暗唱」してください。

「暗記はカッコ悪い」「暗記が苦手」という人もいるようですが、そ

ろそろ「暗記が最も効率的」という事実を認めて、暗記からの脱走を諦めてください。

丸暗記です。この本1冊、丸暗記です。

②「“不自然に”使う」についてです

フェルミ推定は未来を考える、ビジネスを明るくする、日常でも使える、そして使うことでより健やかになります。しかし、フェルミ推定の技術を学び始めたばかりの皆さんだと、使いどころがわからないこともあるでしょう。

まずは皆さん、『第6章 フェルミ推定は「ビジネス」を明るくする』を読み返してください。「いつ使ってやろうか」と野心たっぷりに、再度お読みください。日常においては、フェルミ推定の題材は沢山転がっています。ですので、いわば自作自演的に、「フェルミ推定の技術を使う場」を作ってみてほしいのです。

では、自作自演例をご覧ください。

◉カフェで自作自演

気兼ねなく入ったカフェ。
注文したアイスカフェラテが届くまでの所用時間は5分。
↓
このカフェの1日の売上はいくらだろうか？と、まずは3分で計算。
その後、店内を見渡して「席数」「混雑率」や、お客さんの「注文」を見ながら、自分の算出した計算と照らして答え合わせをする。
↓
そしてアイスカフェラテが届いたら、今度は違う因数分解で計算しなおし、どちらがいいか？を優雅に楽しむ！

いかがでしょうか？

目の前どころか、「今いる」場所でのフェルミ推定ほど勉強になることはありません。因数分解を考えるとき、当然「現実の投影」「ビジネスモデルの反映」を試みることになりますよね。それこそが、フェルミ推定を超えてビジネスパーソン/コンサルとしての腕前を上げることになるのです。

フェルミ推定はロジカルシンキングを超える!

③「違和感を発生させる」についてです

実際にフェルミ推定を行うと、必ず違和感が出てきます。現実とのギャップや、自分の知識・経験との肌感覚の違いなど。逆に言えば、この「違和感」こそ、成長する・進化するきっかけになるので大事にしてください。

違和感の出し方の1つとして、

逆思考＝因数分解から現実を想像してみる。

というものがあります。

具体的に、「カフェの売上推定をする」というお題で説明しましょう。

まずは、因数分解を3パターン作ってみます。

①「カフェの売上」
＝【席数】×【回転数】×【コーヒー1杯の単価】

②「カフェの売上」
＝【席数】×【回転数】×【コーヒー＋サイドメニューの単価】

③「カフェの売上」
=【席数】×【回転数】×【コーヒー+サイドメニューの単価】
×【1+テイクアウト比率】

「逆思考」とは、①〜③の因数分解だけを見たときに「どういうカフェなのか？」を想像して、それが「今、フェルミ推定しようとしている"現実"のカフェ」とギャップがあるかを考えることを言います。こうすると違和感を抽出でき、因数分解を進化/チューニングすることができるのです。

因数分解から読み取れるカフェのイメージはこうなりますよね。

①はコーヒーが主商品で回転数勝負、②はサイドメニューもあり客単価を取る滞在型、そして③は典型的なスターバックス型で、テイクアウトもあるカフェとなります。

これと、皆さんが想像した「カフェ」と比較してみるのです。もし異なれば、それが「違和感」となります。

④「質問する」についてです

最後は当然、「質問」でございます。

とにかく、違和感を周りの人にぶつけましょう。周りにいるコンサルタントや事業開発をしている人でもいいですし、それこそ「カフェの売上推定」などであれば、店長に聞いてみるのも手です。

フェルミ推定とは「現実の投影」であり「ビジネスモデルの反映」ですから、実際に事業を行っている人と議論するのが最高なのです。

もし僕を街で見かけたら、ぜひ質問してきてくださいね。

03 皆さんへのプレゼント -選りすぐりの100問

「100問」やれば極められる！ と聞いた時の「心持ち」で世界は変わります

学ぶ際に大事な「心持ち」について、もう一つお話させてください。

この世の中のフェルミ推定の問題は、世の中に100問くらいだと思います。

では、100問と聞いたとき、皆さんはどう受け止めたでしょうか？

実は、こんな風に受け止めてほしいなと思っています↓

100問！少々、多いかもしれないが、100問やってしまえば、「フェルミ推定」をマスターできるのだったら、そんなお得なことはない！

この複雑な世の中で、「たった100問」を解くだけでマスターできるものなら安いもんだ！ という思考で行きましょう。

では、100問を紹介していきます。

と、100問を並列で教えても芸がありませんので、まずは、「王者の9問」をご紹介いたします。

●王者の9問

①炊飯器の市場規模
②コンビニの1日売上
③マクドナルド（1店舗）の1日売上
④映画館の年間売上
⑤銭湯の市場規模
⑥自動販売機の市場規模
⑦スポーツジムの年間売上
⑧バスケットボールの趣味人数
⑨花屋チェーン店の売上

まずは、この9問をマスターしてみてください。

さて、次は「エースの＋20問（累計29問）」を紹介させていただきます。あらためて眺めてみると、フェルミ推定の問題も「時代」を反映していますよね。

⑩ラーメン屋さん1店舗の年間売上
⑪高級鮨屋さんの1店舗の年間売上
⑫回転寿司屋さんの市場規模
⑬英会話スクールの市場規模

⑭パーソナルジムの市場規模
⑮美容院の市場規模
⑯マッサージ1店舗の年間売上
⑰新幹線の車内販売の年間売上
⑱リッツ・カールトン東京の年間売上高
⑲東京ディズニーランドの年間売上高
⑳動画配信サービス市場規模
㉑Uber eatsなどのフードデリバリーサービスの市場規模
㉒宅配ピザの市場規模
㉓ヤクルトスワローズの年間売上高
㉔紀伊国屋さん１店舗の年間売上高（例えば、新宿店などのイメージ）
㉕コインロッカーの市場規模（コインロッカー年間利用金額）
㉖オンラインサロンの市場規模
㉗ガソリンスタンドの市場規模
㉘プログラミングスクールの市場規模
㉙焼肉屋さんの市場規模

さて、まだまだあります。

当然、フェルミ推定は「答えの無いゲーム」ですから、純粋に僕がやってほしい順番で載せておりますので、因数分解のパターンで構造化はしておりません。そもそも、2つ以上の因数分解を想定した後に、1つを選ぶわけですからね。まだまだ、解いてもらいたいものがございます。

ということで、次は「趣味の＋29問（累計58問）」となります。

「○○を趣味にしている人の数」シリーズのスタートです。

自分の趣味で「現実の投影がされている」ことを感じ、そうでない趣味で「現実の投影がされてない、しづらい」ことを感じる。それが最大のトレーニングになります。

なお、今回は「○○を趣味にしている人の数」としましたが、応用として「関連市場」も対策をすると良いと思います。テニスであれば、テニスを趣味にしている数に加えて、テニス関連用品の市場規模を解いてみるということですね。

㉚サウナを趣味にしている人の数
㉛スノーボードを趣味にしている人の数
㉜スキーを趣味にしている人の数
㉝キャンプを趣味にしている人の数
㉞サーフィンを趣味にしている人の数
㉟ボルダリングを趣味にしている人の数
㊱サバイバルゲームを趣味にしている人の数
㊲映画鑑賞を趣味にしている人の数
㊳麻雀を趣味にしている人の数
㊴格闘技を趣味にしている人の数
㊵空手を趣味にしている人の数
㊶ボクシングを趣味にしている人の数
㊷ボーリングを趣味にしている人の数
㊸登山を趣味にしている人の数
㊹スカッシュを趣味にしている人の数
㊺バドミントンを趣味にしている人の数
㊻トライアスロンを趣味にしている人の数
㊼フットサルを趣味にしている人の数
㊽ドライブを趣味にしている人の数
㊾ヨガを趣味にしている人の数
㊿釣りを趣味にしている人の数
51ダーツを趣味にしている人の数
52ビリヤードを趣味にしている人の数
53トレーニングを趣味にしている人の数
54テニスを趣味にしている人の数

⑤⑤ゴルフを趣味にしている人の数
⑤⑥マラソンを趣味にしている人の数
⑤⑦サッカーを趣味にしている人の数
⑤⑧野球を趣味にしている人の数

もう58問まで来てしまいましたね。あと42問です！

ここまでは皆さんも「想像しやすい」問題だったと思います。だから次は、「濃い＋19問（累計77問）」をお届けします。「こういう問題も出題されるんだ」「面白そうだから、解いてみたい」というのを選んでおります。

⑤⑨ドローンの市場規模
⑥⓪電動自転車の市場規模
⑥①デジタルカメラの市場規模
⑥②洗濯機の市場規模
⑥③ルンバのようなロボット掃除機の市場規模
⑥④ドラッグストアの市場規模
⑥⑤ハウスクリーニングサービスの市場規模
⑥⑥オムツの市場規模
⑥⑦目薬の市場規模
⑥⑧髭剃りの市場規模
⑥⑨低糖質商品の市場規模
⑦⓪病児保育の市場規模
⑦①100円ショップの市場規模
⑦②絵本の市場規模
⑦③旅行代理店の市場規模
⑦④灰皿の市場規模
⑦⑤データサイエンティストの数
⑦⑥羽田空港内の店舗売上高
⑦⑦お笑い劇場の市場規模

さて、実はここまでの77問は、基礎トレーニングのイメージです。そしてここからは、ちゃんと「フェルミ推定の技術」を理解しきっていないと、問題の面白さがわからない応用問題となります。「フェルミ推定力がわかる＋23問（累計100問！）」でございます。

⑱オフィスビルの中にある、コンビニの年間売上
⑲オフィス街にある、コンビニの年間売上
⑳競合と並びにある、コンビニの年間売上
㉑表参道にある、美容院の売上高（繁華街）
㉒さいたま新都心にある、美容院の売上高（住宅街）
㉓ユニバーサル・スタジオ・ジャパンの年間売上高
㉔長崎ハウステンボスの年間売上高
㉕スパリゾートハワイアンズの年間売上高
㉖ある1つの区民プールの年間利用人数
㉗タクシーの台数
㉘タクシー広告の市場規模
㉙ビジネス書の市場規模
㉚ビニール傘の市場規模
㉛JR九州の売上高
㉜インバウンドの市場規模
㉝缶ビールの市場規模
㉞ノンアルコールビールの市場規模
㉟ミネラルウォーター（ペットボトル）の市場規模
㊱ウォーターサーバーの市場規模
㊲ジョギングを趣味にしている人の数
㊳IoTセンサーの市場規模
㊴実際に必要なAIエンジニアの数
⑩とある高校にAIなどのテクノロジーを導入した際の、削減し得る先生の割合

さて、ここまで「解くべき100問」をリスト化させていただきました。ぜひとも､この本で身につけた技術をフルスロットルで活用し､解いてみてください。

くれぐれも、くれぐれも「グーグル検索した値との近さ」ではなく､「セクシーなプロセス、解き方」ができたか？で、一喜一憂してくださいね。

04 では、さっそく「1問」解いてみる－解き始めるスウィッチをオンに！

思いを馳せるのは「現実の投影」「ビジネスモデルの反映」

さっそくですが、100問の中から選んだ次の問題を解いていただきましょう。今回も、「解法」を実況中継していきますね。

?　ある1つの区民プールの年間利用人数を推定してください。

この問題を聞いた瞬間、こんな因数分解が浮かんだのではないでしょうか？

> **ある1つの区民プールの年間利用人数**
> **=【区民プールのキャパシティ】×【回転数】**

もちろん、「答えの無いゲーム」ですから、もう1つ「因数分解」を浮かべて選択してほしい。当然、「ある1つの区民プール」の商圏＝ある程度の近さで、行こうかなと思える範囲にいる人数、をベースに算出する方法が浮かぶでしょう。

しかし、コンビニと比較すると、「区民」というだけあって商圏は広い＝駅を2～3駅分乗って区民プールに来る人もあり得えます。

では、先ほどの因数分解をもう一度見てみます。因数分解すべきなのは当然、【区民プールのキャパシティ】ですよね。皆さんなら、どのように因数分解をもう一段やりますか？

あ、ここでも三段ロケット因数分解だ！気持ち悪いドリブンだ！とピンと来てくれていると嬉しいです。「なんだっけ？」と思った方は、次のお休みの時にでも再度、第3章を中心に復習してみてくださいませ。

ということで、「スポーツジムの市場規模」を想起しながら因数分解を試みます。

ある1つの区民プールの年間利用人数
＝【区民プールのキャパシティ】×【回転数】×【営業日数】
＝【男性、または女性のコインロッカーの数】×「2（男性,女性）」×【回転数】×【営業日数】

このようになりますよね。

プール付きのスポーツジムやホテルのスポーツジムであれば、「プール利用」だけを想定していないコインロッカーなので、"工夫が必要だなぁ" とつぶやきながら因数分解しているイメージ。これも当然、「現実の投影」でございます。

そうは問屋が卸さない！ やはり、フェルミ推定は奥深き世界です

この1問を選んだ理由でもあるのですが、もちろんこの因数分解でも良いのですが、因数分解を検討する際に唱えてほしい呪文があります。

それは何と相関するのだろうか？

今回で言えば、【区民プールのキャパシティ】のキャパシティは何に相関するのだろうか？となります。

ゴールドジムなど「営利目的」「商売として」営業している場合、当然、1つのスポーツジムとしての「生産性」を考えます。

ですので、「商圏」「競合の有無」などを勘案し、「広さ」ひいては、そのスポーツジムの「キャパシティ」を決めます。そして、その「キャパシティ」と「ジム施設の面積を極力広く」という論点を両方追っかけながら、「コインロッカーの数」を決めることになります。

だから、「キャパシティ」→「利用人数」と「コインロッカー」は相関、深く関係しているため、この方法で良い。

しかし、しかしです。もうおわかりかと思いますが、「区民の」プールは、そうではありません。ですので、コインロッカーの数が「利用人数」と相関せず、通常であれば、広すぎる、いつ行っても空いている（豊島園のプールよりも）となっています。なにせ、「儲けるではなく、たくさんの人に使ってもらう」を論点の中心に置いてますからね。

とすれば、「違う」因数分解の方が良いのではなかろうか？

このように、「現実の投影」「ビジネスモデルの反映」を“うにうに”考えながらフェルミ推定を考えていること自体が最も崇高であり、「答えの無いゲーム」の戦い方だったりします。ということで、違う因数分解の例を提示しておきましょう。

ある1つの区民プールの年間利用人数
＝【プールのコース数】×【1つのコースのキャパシティ】×【混雑率】
×【営業時間】÷【滞在時間】×【営業日数】

「答えの無いゲーム」ですから、2つ3つの因数分解を検討し、その中で自分として良さそうなものを選択することになります。

ところで、この問題を100問の1つに選んだ理由ですが、それは一見するとよくある問題でも、少し変わるだけで因数分解も変わることもある！

ということを、感じて貰いたかったからでございます。
他の99問についても大なり小なり「意図」がありますので、それを慮りながら解いていただけると嬉しいです。

さて、この問題のメッセージはお伝えしましたので、「値」は皆さんにお任せしたいところなのですが、一応、載せておきますね。

ある1つの区民プールの年間利用人数
=【プールのコース数】×【1つのコースのキャパシティ】×【混雑率】×【営業時間】÷【滞在時間】×【営業日数】
=8コース×10人×25%×8時間÷1時間×200日
=32,000人

いかがでしょうか？

では、締めのクイズです。
皆さんはこの因数分解を見て、どこが「気持ち悪い」と思えましたか？
さぁ、気持ち悪いドリブンのクイズです。
目を閉じて考えてみてください。

そして1つ浮かびましたら、読み進めてください。

◉**気持ち悪いドリブン発動**

・やっぱり、**【混雑率】＝25%**の部分。ここは、朝昼晩や平日・土日で変わるはず。だから、「田の字」を作ったほうがいいよね。

・そう思ってみると、**【1つのコースのキャパシティ】＝10人**の部分。ここも、区民プールを使っているシニアを想起すると、スイムウォーク。とすれば、10人ではなく20人は最大いけそうだ。

・精緻にするなら、**【プールのコース数】＝8コース**の部分。ここは最終的には平均8コースでも良さそうだが、区の水泳大会で公式に使うことを想定して作られていると、10コースとかのほうが妥当かな。

このように、様々な部分で「進化」することが可能です。

最後の締めとなりますが、「値を出したら、はい、次の問題をやろう」ではなく、今回お見せしたように「今日はこの1問をあーだこーだやってみよう」と味わいながらやっていただく方が、より「フェルミ推定の技術」をマスターできると思います。

だから皆さんもぜひ、好きな問題からやってみてくださいませ！

第8章

フェルミ推定とコンサル面接

本章は、「コンサル転職をお考えの皆さん」へのプレゼントです。コンサル転職には欠かせないケース面接のリアルなやり取りをご覧いただきながら、僕が解説をしております。そして、「フェルミ推定の技術」を習得した今、皆さんにも〝解説〟が可能なはず。ですから、候補者の発言に対して「あーだ、こーだ」言いながらお読みいただき、技術の定着にご利用ください。もちろん、コンサル転職者以外の方でも、「上司とのやりとり」と読み替えていただればOK。

さぁ、この本の最後の章でございます。楽しんでいきましょう！

01 「ケース面接」で出題されるフェルミ推定のパターン

ケース面接におけるフェルミ推定を、思う存分語ります

第8章では、「コンサル転職」「ケース面接」における「フェルミ推定」について、ありったけの話をしたいと思います。

コンサル転職では、伝統的にケース面接を2～5回行い、候補者のコンサルタントとしての素養を判断します。そしてケース面接には、この書籍のテーマである「フェルミ推定」と「ビジネスケース」があります。

フェルミ推定の出題のされ方は、大きく2つあります。

①「フェルミ推定」単体パターン
「あるスポーツジムの売上を推定してください」だけが出題されるパターン。

?

②「フェルミ推定」から「売上2倍」パターン
「あるスポーツジムの売上を推定してください」とフェルミ推定をした上で、それを踏まえて「それでは、そのスポーツジムの売上を2倍にする打ち手を考えてください」というように出題されるパターン

①のパターンはまさに、フェルミ推定の技術のみが試されるわけですが、②のパターンも①に負けず劣らず、フェルミ推定が非常に大事な要素となります。

というのは、ケース面接として、まず「フェルミ推定」の良し悪しが判断されることになるからです。そこで「この候補者はやるな」と思わせない限り、「売上２倍」の話まで行きつかない。または「この候補者は落とすので優しくしてあげよう」というモードになってしまい、結局は落ちてしまう。そして何より、候補者側のメンタリティにも影響してくる。

最初の「フェルミ推定」で「やばい、頭が真っ白になった！」となると、そこからの復活はまずありません。特に、コンサルティングファームは「地頭」と世間で呼ばれる「頭の使い方」を判断しているわけですから、「頭が真っ白」では話になりませんよね。

だから、コンサルティングファームに転職したい方は

フェルミ推定対策を“受験勉強”のようにやる。

これを絶対に忘れないでください。

それともう1つ、『①「フェルミ推定」単体パターン』は、更に3つのパターンに分かれます。

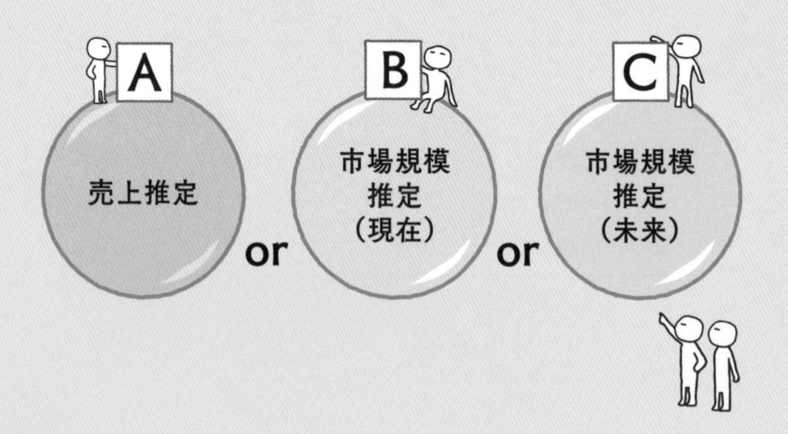

①-A「売上推定」
「あるスポーツジムの売上を推定してください」のように、ある店舗、サービスの売上を推定させるパターン。

①-B「市場規模推定（現在）」
「スポーツジムの市場規模を推定してください」のように、市場丸ごとの大きさを推定させるパターン。

①-C「市場規模推定（未来）」
「未来の、例えば10年後のスポーツジムの市場規模を推定してください」のように、現状ではなく、未来の市場規模を推定させるパターン。

つまり、まとめると次のようになるわけですね。

①「フェルミ推定」単体パターン
　①-A「売上推定」
　①-B「市場規模推定（現在）」
　①-C「市場規模推定（未来）」

②「フェルミ推定」から「売上2倍」パターン

この構造を頭に叩き込んだ上で、次の話にお進みくださいませ。

ケース面接では、何次面接にどのパターンが出やすいのでしょうか？

仮に4回のケース面接を想定した場合、何次面接でどのパターンが出やすいのか？

賛否両論あるかと思いますが、僕の経験を元にエイヤと言わせてもらいますね。

次のようになります。

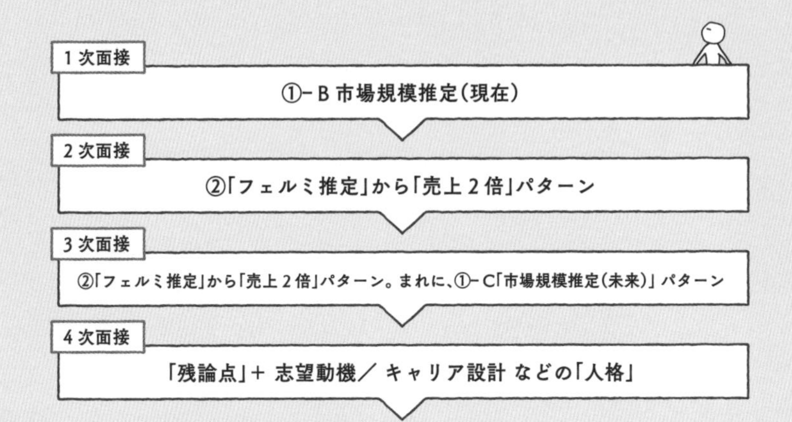

◎1次面接＝①-B「市場規模推定（現在）」

1次面接は「箸にも棒にもかからない」候補者を落とす意味があります。そして、難しいお題ではなく、候補者にとって慣れ親しんだお題で、知識など関係ない「ハンディキャップ無し」でやりたい。ですので、例えば「趣味はなんですか？」と聞かれ「ジムでのトレーニングです」と答えると、「では、スポーツジムの市場規模を算出してください」という流れで出題されます。

◎2次面接＝②-「フェルミ推定」から「売上2倍」パターン

1次面接のフェルミ推定は「足きり」の意味合いが強かったのですが、今度は「トップ5％だけを通過させる」という意味でのフェルミ推定になります。そのフェルミ推定の議論を乗り越えられれば、売上2倍の議論を軽くやるイメージです。ケース面接における「フェルミ推定」の勝負所は、この2次面接だと思ってください。

◎3次面接＝「売上2倍」。まれに、①-C「市場規模推定（未来）」パターン

3次面接ともなると、フェルミ推定の比重はぐっと下がり、実際のコンサルティングに近いお題でやることになります。むしろ、ここでもフェルミ推定が出題されたらラッキーですね。特に、「その場で考えさせる」ことを求めるのが3次面接ですので、対策しづらい「売上2倍」＝フェルミ推定などせず、ある店舗やサービスの売上を拡大する施策を検討させるか、面接官が鋭いと、未来予測をさせる①-C「市場規模推定（未来）」パターンが出題されます。3次面接は、「フェルミ推定」よりも「考える力」が試される場だと思ってください。

◎4次面接＝「残論点」＋志望動機／キャリア設計などの「人格」

最終面接ですから、今までの3次面接までの留意事項をもとに、責任者がありとあらゆる質問を投げかけてくる場となります。そして、マネージャーではなくMDと呼ばれる位の高い役職の方が面接官です。
ですので、ちまちましたフェルミ推定などは出ません。「将来、どのようなことをしたいか？」などありきたりの質問の中で、ビジネスに対する誠実さや、ファームとのカルチャーフィットなどを判断することになります。
もちろん、「がっつり」ケースが出題されることもありますが、それは3次面接までの留意事項で、「思考が怪しい」となっていることになります。

以上、当然ですがファームによって色が変わります。
ですから、実際のコンサル転職・対策をするときには、その色に合わせて準備を進めてくださいね。

02 『①-A「売上推定」』パターンの「リアル」スクリプト -こうハマった！

「リアル」スクリプトを通して、面接のやり取りの全体感を掴んでみてください

スクリプトを見ながら、僕が「添削」と言いますか、「コメント・解説」を付けたいと思います。これまでに学んできたフェルミ推定の技術を思い返しつつ、「あ、これはいい解き方だ！」とか「これはダメでは？」などと楽しんでみてください。

まずは、『①-A「売上推定」』パターンのケース面接を体感していただきます。

面 それではセブン＆アイグループの、イトーヨーカドーの年間の売り上げについて推測してみてください。大体10分間程度でお願いします。

受 わかりました。

念のため申し上げておきますが、スクリプトを読み進める前にまず一度、自分で解いてみることをおすすめします。

面 それではお願いいたします。

受 はい、イトーヨーカドーの年間の売り上げは3,900億円と考えました。

面 3,900億円という数字は、直感的に実際よりも多いと思いますか？ それとも少ないと思いますか？ それとも、こんなもんだろうと思いますか？ 教えてください。

受 そうですね、大体こんなものなのではないかと思います。セブンアンドアイグループの売り上げが1兆円とか2兆円だと思うので、その中でイトーヨーカドーが4,000億位といったイメージです。

面 そうですね。私も大体そんな感じで、桁数は合っているのではないかなと思います。まぁ、数字の正確さはそこまで求めていないので、間違っていたら2人ともあまり当たってなかったねということにしましょう。それでは続けてください。

面接官のこの発言↓

『まぁ、数字の正確さはそこまで求めていないので、』

素敵すぎますよね。

この面接官が思う「フェルミ推定」が、まさに本書の第1章で書いたものと同じだと確信できます。「値」だけを聞き、「因数分解を聞く」前に、論点である「大きいと思うか、小さいと思うか？」を聞いてくれている。素晴らしいです！

ということで、ここから「どうやって値を算出したか？」の説明が来ます。

最初の回答を伝えた上で、重要な「論点＝因数」について説明していきます

受 はい、イトーヨーカドーの売り上げについては、各店舗の1週間あたりの売上×店舗数× 52週間と考えました。具体的な数字で言うと、各店舗の週間の売り上げが4.2千万円、店舗の数が180店舗、それに52をかけて3,900億円という数字を出しました。

フェルミ推定の技術の通り、「因数分解と値」を分けて説明できています。最高です。

あえて言えば、52を「50」に丸めてもいいかと思いますね。

この後、「値」の根拠について丁寧に説明しています。

受 まず店舗数についてですが、これはざっくりと50駅に1つくらいはあるんじゃないかなということを考えました。日本全国の駅は9,000個ありますので50で割って、大体180店舗くらいだと考えました。

因数分解の選択は「駅方式」で良かったですよね。

イトーヨーカドーのビジネスモデル/店舗開発長の気持ちになると、当然、人が生活するエリアに作りますから、「駅」で考えるのは妥当です。

受 ポイントとなるのは各店舗の売り上げだと考えますが、これは私が住んでいる大井町駅店の売り上げをベースに考えました。

ホームランです。

値を出す上で肝となる＝論点になる因数を特定し、それについて細

かく算出している点。そして具体的に算出するために、「大井町」を例に考えているのも最高ですよね。

受 大井町駅店の売り上げというのは、客単価×客数で表されます。これを、客単価1,500円× 1週間で28,000人の客数と考えました。

「話し方」も抜群にいいですよね。話し始めだけでなく、途中においても「因数分解と値」を分けて説明している。その後に数字も説明しており、話し方が非常に安定してますよね。

受 この客単価1,500円というのは、朝昼晩で客単価を分けてその平均を取りました。朝と昼は大体、朝ご飯とかランチを買うので1,000円くらい。夜については、おかずを買ったり夕ご飯の材料を買うので3,000円くらいと考えました。その場合、間をとって大体1,500円くらいだろうというように、今回は推定しました。

「客単価」はお互いにとってピンと来やすいので、実感値で十分ですからね。そして、勝負となる「客数」に重点を置いている点も良い回答だと言えます。

受 次に客数の方の28,000人ですが、これは大井町駅店の規模から考えました。大井町店は大体ワンフロア300坪くらいあって、6フロアありますので、全部で1,800坪程度あると思います。店の半分を商品売り場やレジと考え、半分に客がいるスペースと考えて、この店舗のマックスの人数は3,600人だろうと考えました。これを100%として、平日・土日、朝・昼・晩でどのような差があるかということを考えて客数を推定しました。

具体的には、平日の朝が20%、昼がその2倍で40%、夜が1番多く50%としました。逆に土日は家族連れが多く、昼が1番多く50%、朝が30%、夜が40%と考えました。
これを計算した結果、各店舗の週間の売り上げは4.2千万円ぐらいだろうと考えました。
以上です。

ここは、更に一段でも二段も進化可能ですよね。
客数を出すのをもう一段、因数分解しても良かったかもしれません。

候補者の回答を踏まえて、気になった/気持ち悪い点が面接官から質問されます

面 わかりました。ありがとうございます。それではこれから質問をしていきたいのですが、まず気になったのは客単価のところです。もう少し細かく考えていくとすると、客単価はどうなっていくと思いますか？

受 はい、今回は朝昼晩の3つで分けたのですが、本当は、朝、昼、午後、夕方、夜というように細かく分かれていくのではないかなと思います

面 食品についての客単価のように思えますね。もちろん、食品を買うのは結果的に多いのだと思いますが、文房具や洋服などをも買うこともあると思います。それについては、やっぱり食品と比べると頻度が低いので今回は均すとほとんど影響が無い、としたという感じでしょうか？

受 そうですね、実際に昼ご飯を買いに行くにしても1回に1,000円は使わないと思っていて、500円とか700円だと思うので、残りの300円を、そういった食品よりは頻度の低い物を買ったという想定で今回はざっくりやりました。

面 わかりました。ありがとうございました。

先ほどの説明で「議論の俎上」ができあがり、面接官が「気持ち悪いドリブン」を先導してくれていますよね。「もう少し細かく考えていくとすると、客単価はどうなっていくと思いますか？」という発言が、まさに！です。

総合的に見ても、実に良い受け答えだったと思います。「伝わらないと意味がない。議論しないと価値がない」を見事に実演してましたよね。

そして実は、本書でこれまでに学んでいただいた「フェルミ推定の技術」を駆使すれば、この回答は簡単に出てきます。

いや、むしろ「倍」は良い回答ができますよね。

03 『①-B「市場規模推定（現在）」』のパターンの「リアル」スクリプト - こうハマった！

「趣味を聞く」→「それをお題にする」の典型パターンのスクリプトとなります

次は、『①-B「市場規模推定（現在）」』パターンのケース面接を体感していただきたいと思います。

面 ではさっそくですが、ケース面接を始めたいと思います。お題を決めるにあたっての質問ですが、趣味はなんでしょうか？

受 登山です。

ケース面接でフェルミ推定が出題されるときの典型的な始まり方が、このパターンです。「趣味は？」と聞かれて、それに対する答えを題材にします。

面 では、登山をお題にしましょう。登山の市場規模を求めていただけますか？ 10分間で考えをまとめていただき、ホワイトボードを使用して私にプレゼンしてください。

受 はい、承知しました。

面 では、どうぞ。

王道中の王道の「題材」ですね。フェルミ推定の技術を習得していたら、もう「おっしゃー！」と叫ぶ感じでしょう。

受 登山の市場規模は900億円です。登山関連市場はほとんどが登山グッズの売上ですので、今回は登山グッズの市場規模を推定しています。どのように求めたかというと、素直に登山人口×年間の登山グッズに使う平均費用で出してます。ざっくりの数字感を言えば、登山人口が600万人、年間の登山グッズに使う平均費用が15,000円で、年間の登山グッズの市場規模は900億円です。ここまではよろしいでしょうか？

皆さん、この数行の回答、スッと頭に入ってきませんか？
まさに「フェルミ推定の技術 - 話し方」をちゃんと使えてますよね。

面 はい、続けてください。

受 では、続けさせていただきます。この中で特に論点になるのは登山人口です。ここはもう少し分解して考えており、人口×登山趣味割合です。この登山趣味割合は各セグメントで異なり、具体的には65歳～80歳か65歳未満か、さらに65歳未満のセグメントに関しては男性か女性か、そして未婚か既婚かで変わってくると思いますので、場合分けっぽく考えて最後に合算します。
まず登山趣味割合の最も高い65歳～80歳のセグメントに関しては、人口×登山趣味割合を2,000万人×20%で400万人。次に65歳未満のセグメントの中で割合の多い男性未婚は、人口×登山趣味割合を1,000万人×10%で100万人。男性既婚は、人口×登山趣味割合を2,500万人×3%で75万人。女性未婚は、人口×登山趣味割合を1,000万人×3%で30万人。

女性既婚は、人口×登山趣味割合を2,500万人×1%で25万人。
それぞれを合計すると、登山人口は630万人となります。
次に、年間の登山グッズに使う平均費用を考えます。年間の登山グッズに使う平均費用は経験者と初心者で変わってくると思いますので、先ほど算出した630万人を、経験者500万人、初心者130万人と分けます。年間の登山グッズに使う平均費用は経験者10,000円、初心者は30,000円として、合計しますと、登山の市場規模は900億円となります。
以上です。

素晴らしい!

まさに訓練の賜物ですね（個人的には数字の置き方が細かすぎ)。
次の面接官の反応でわかると思いますが、見事に刺さっております。

候補者の回答を踏まえて、気になった/気持ち悪い点が面接官から質問されます

面 はい、よくわかりました。因数分解もいいと思いますし、論点になるポイントは言われたように登山趣味割合でしょう。では、各数値についてどのように置いたのかを聞いていきたいと思います。まず、それぞれのセグメントの人口はどのように置いたのですか？

受 統計局の出しているデータを覚えていましたので、それを丸めた数値を使用しています。また、計算から出すことも可能で、65歳未満の男性、女性はそれぞれ3,500万人、生涯未婚率が20〜25%あたりであることを考えて数字を出せます。

面 なるほど。今回は男性、女性と既婚、未婚でセグメントを切っていますが、そのロジックを教えてください。

受 なぜ、このようにセグメントを切ったかといいますと、男性か女性か既婚か未婚かで最も登山趣味割合が変わってくると考えたからです。具体的には、登山をする人はほとんどが男性です。昨今「山ガール」という言葉が流行っていますが、実際に登山に行くとまだまだ女性が少ないのが現状です。そして、男性も女性も結婚を機に登山に行かなくなる、もっと言うと、子供が生まれると登山には行けなくなる。なぜなら、登山はパッとできる趣味ではなく、最低でも丸1日、泊りだと2日以上かかるスポーツなので、子供を置いて山に行くことは難しくなるからです。これらを考慮して、今回は男性か女性か既婚か未婚かでセグメントを切りました。

うん、「田の字」もできており完璧です。そして完璧なだけに、面接官ももう一歩踏み込んで、「田の字」の2軸の理由まで質問してくれています。

実に軽快に、議論が進んでいることがわかりますよね。

面接官も鋭く、「答えの無いゲーム」の象徴、他のアプローチを質問します

面 他にセグメントを切るとしたら、どのような切り方がありますか?

受 例えばですが、縦軸は年齢、20代は何%、30代は何%というように切ることもできます。

面 他には？

受 職業で切ることも可能です。学生、社会人、専業主婦などでも割合は大きく違ってくると思います。

面 確かにそうですね。では、横軸は他にどのような切り方がありますか？

受 あまり意味はないかもしれませんが、年収で切る、富裕層かそれ以外か、もしくは住んでいる場所で切る、都会か、田舎かという方法もあると思います。

面 なるほど。でも、その切り方は良くなさそうですね。実際の仕事では、こういうセグメントを考えることがあります。そうしたときに、どういう切り口でセグメントを切るかは非常に大事で、このようにいろいろな切り方を考えてから最もいいものを選びます。
今回、最もいいセグメントの切り方は、性別と結婚の有無だと思ったわけですね。これはいいと思います。

「答えの無いゲーム」と面接官も理解されているので、「違う切り方は？」と質問してくれて、議論が更に濃くなっていますよね。

この後、「田の字」毎の値をどう置いたかについて、議論していきます。

面 男性未婚の登山割合を10%としていますが、これはどうやって決めたのですか？

受 自分の経験や周りの人を考慮して、10%と置きました。具体的には、自分の職場の登山をする人を考えると、10

人に2人の20%は趣味にしています。しかし、私の職場は建設業界でアウトドア志向の人が多いということもあり、日本の平均から考えると割合が多少高いと考えられるので、日本の平均に直した形で10%としました。別の方向から、私の親族で考えると、登山を趣味にしているのは私だけなので、この10%という数字は良い線だと思います。

面 なるほど。他のセグメントの割合は?

受 男性未婚の10%が最も高いと考え、その他の数字はそれと比較して相対的に数字を置きました。男性既婚と女性未婚は半分の5%はいないと考え3%、女性既婚に関しては0%にしても良かったのですが、子供が成長した後は少しはいるかと考え、1%としました。

面 なるほど、わかりました。では次に、年間の登山グッズに使う平均費用に関して、経験者は10,000円、初心者は30,000円としていますが、ここのロジックを教えてください。

受 まず経験者に関しましては、年間の登山に行く回数から考えました。登山シーズンは3月後半から11月前半の8か月間で、2か月に1回登山に行くとすると、年間4回登山に行きます。1回あたり2,500円程の何かを買うと考えると、2,500円×4で年間10,000円使うとしました。続いて初心者に関しましては、初心者が登山を始めるために絶対に必要なものが、ウェアと靴とザックの3つです。それぞれ5,000〜10,000円程度し、他にも水筒やライトなどを購入することを考えると、平均は30,000円くらいになると考えました。

面 わかりました。以上で終わりにしましょう。

いかがですか？

まさに「良い議論」ができていますよね。

そして、実際に「リアルな議論」を体感することで、更に理解が深まったのではないでしょうか？

04 『①-C「市場規模推定（未来）」』のパターンの「リアル」スクリプト - こうハマった！

頻度は低めですが、重要なパターンです

次は、『①-C「市場規模推定（未来）」』パターンのケース面接を体感していただきたいと思います。

実際のコンサルプロジェクトでは、まさに「未来予測」をさせますが、ケースでは難しすぎるため、少しアレンジして出題してくれます。

現在→未来　ではなく　過去→現在

つまり、「現状」についてフェルミ推定した上で、その因数分解を活かして「過去10年間」の変化の推移を問われる問題です。実際に起きていることなので、この方がケースとしては「議論しやすい」ので採用されています。

では、実際の「スクリプト」を見ていきましょう！

面 お題は決まっていないのですが、最近買ったものや気になるニュース、サービスはありますか？

受 サービスと言えるかわかりませんが、大学のジムに行き始めました。

面 では、ジムにしましょう。10分後に戻ってきますので、東京都のジムの市場規模と、ここ10年でそれが大きくなってきたのか小さくなってきたのか、そしてその要因を教えてください。

受 わかりました。

まさに、「未来予測」をアレンジした問題ですよね。「東京都のスポーツジム市場の現状の市場推定」をした上で、「10年間で大きくなったか、小さくなったか＋その要因は？」ということになります。

（10分後）

面 どうですか？

受 1番しかまだ終わっていません。

面 では、教えてください。

「ケース面接」という意味では、残念ながらこの時点で“アウト”です。フェルミ推定は「回答の良し悪し」ではなく「議論の良し悪し」ですからね。「議論の組上」＝答えを作ってしまうべきでした。なぜなら、答えなんて10秒あれば作れるからです。

もちろん、皆さんにもできますよ。

今からやってみましょうか。

下記の問題に10秒で答えられなかったら坊主にしてください！

?

①東京都のスポーツジム市場の現状の市場推定は？
②過去10年間で、市場は大きくなったか？小さくなったか？
③その要因は？

いかがでしょうか？

10秒もあれば、次の回答くらいなら楽勝ですよね？

①500億円！
②大きくなった！
③健康志向が強まった！

要するに、「精緻な回答を作る but 途中まで」VS「ざっくり回答を作るbut 最後まで」という2項対立において、無意識/意識的に前者の「精緻な回答を作る but 途中まで」を選んでしまっているということなのです。

であれば、スキルとして後者＝「ざっくり回答を作る but 最後まで」を選びましょう。

受 売上＝利用者数×月会費×12か月という式で出しました。他にサプリメントやグッズの売上があると思いますが、会費が収入の殆どを占めていると思うので、計算には含めていません。利用者は、基本的に22~65歳までの方だと思ったので、それを男性か女性か、働いているか働いていないかで分けて計算しました。大学生以下や高齢者はほとんど利用していないと考えています。まず、22~65歳の日本人は、120万×44学年……

面 その120万はどこから来たんですか？

受 1億2,000万人÷100です。平均寿命は80歳くらいなので、80で割った方がいいですね。

まだ回答の途中という前提では、まずまずの出来に見えるかもしれません。でも、「フェルミ推定の値」の章でお話した、「数字を丸める」ができていないですよね。

全体感よりも、細かい部分に力が入ってしまっています。

面 そうですね。続けてください。

受 120万×44学年、この5,000万人は男女ほぼ同数なので男女が2,500万人ずついます。働いている割合は男女で違うと考え、男性が9割、女性が6割としました。

面 9割の根拠は何ですか？

受 だいたい周りをイメージしてこういうもんかなと考え、置いています。

面 なるほど。では、女性の6割は？

受 新聞で女性が6,7割働いているという記事を見たことがあるので、それに基づいて置きました。

面 なるほど、わかりました。

あえて言えば、「9割」という数字が緩いと認識していることを、より明示的に伝えてもよかったかと思います。「男性は9割、女性は6割としました。男性の数字は根拠が作りづらかったので、一旦、自分の周りのイメージで仮置きしております。女性については新聞で見たことありました。」などと、聞かれる前に言えてたら最高でしたよね。

受 ジムに行く割合は、働いている男性は自分の周りで半分もいっていないと思うので、4割としました。働いていない男性は、病気などの人がほとんどだと思うので、ジムに行っている割合は0割とします。一部、大金持ちで働かなくていい人もいると思いますが、それは例外だと思うので除外します。

働いている女性は、男性ほどジムに行っていないと思うので3割、働いていない女性は、子育てなどで忙しいと思うので2割としました。

面 なるほど。計算すると、どうなりますか？

受 東京の人口は日本の10%なので、それを考慮します。そうすると、利用者数は90万＋0＋45万+20万＝155万です。また月会費は幅があると思いますが、概ね月10,000円と考えました。155万人×12万円=1,800億円です。

面接官の腕前により助けられていますが、実際はまだ、提示した因数分解で「ジムに行く割合」は出てきてません。最初に、もう一段進化した因数分解を提示しておいた方がベターだったと思います。

東京のスポーツジムの市場規模
=【東京の利用者数】×【月会費】×「12か月」
=【東京のスポーツジム対象人口】×【ジムに行く割合】
×【月会費】×「12か月」

このように提示しておかないと、【ジムに行く割合】の話が出てきてしまうのは違和感がありますからね。こうやってスクリプトとして読むと、「自分ならしない！」と思うかもしれませんが、しちゃうんですよこれが。

典型的な質問「大きい、小さい？」から議論が開始します

面 これは大きいと思いますか？ それとも、小さいと思いますか？

受 女性の利用者の割合を高く置きすぎていると思います。大学のジムで、もともと男女比が偏っているのもあると思いますが、実際の大学のジムの男女比は40:1くらいです。なので、女性の利用率は、本当は1桁%台である可能性があります。
また男性の方も、全ての年代で同じ割合で来ると仮定していますが、年代によって違うと思うので、そのあたりでしょうか。

面 なるほど。

「議論の俎上」が揃ったところで、最初の議論・論点は「大きいか？小さいか？」となりますよね。実際は、この後に5分ほど、この議論をしていました。

現在を踏まえ、過去からどう変化してきたのか？ここからが本題です

さて、本題の「未来予測」のアレンジ問題を議論する時間です。

面 次に行きます。この10年くらいで、市場規模は増えたと思いますか？減ったと思いますか？

受 増えたと思います。

面 書いてくれた因数分解の式の要素で言うと、どれだと思いますか？

まさに「現在の因数分解」を活用し、その因数毎に「上がった、下がった」の議論が始まりましたね。当然、その後は「外部環境」＝なぜ、それが「上がった、下がった」のか？の議論につながっていきます。

受 利用者数だと思います。月の会費は、ここ20年くらいの景気の動向を考えると、減る、あるいは横ばいはあっても増えることはないと思います。

面 なるほど。ジムの利用者はどういう人ですか？

受 若い人が多いと思います。働いてからは忙しくなって利用者は次第に減っていって、40歳くらいで昇進すると忙しくなる方が増えて急激に減ると思います。

面 ボリュームゾーンは？

受 20~30歳前後の人だと思います。

面 ジムに来る人は、どういう目的で来ると思いますか？

受 筋肉のボリュームを大きくするために来るヘビーユーザーと、健康維持目的で来る人がいると思います。

面 それぞれ、何歳くらいですか？

受 前者は20~30代、後者は40歳以降でしょうか。

面 大学のジムだと、確かに若い人が多いですよね。でも、普通のジムに行くと、時間帯にもよるけど40歳以降くらいの人が結構多いですよ。40歳以降くらいの人が多いのは、なぜだと思いますか？

受 健康意識が高まることと、給料が上がるので、来るお金の余裕が出てくるからではないでしょうか？

面 そうですね。20代だと手取りが20万円行かない人も多いし、その中でジムに行くのは結構厳しいですよね。あとは、利用者が増えたと言いましたが、他にはどういう要因がありますか？

受 健康意識の高まりにより利用者が増えると、店舗数が増えます。そして、店舗数が増えると通える距離に店ができたことにより通う人が増えて、さらに店舗数が増えるという循環に入ったということはあるかもしれません。また、知り合いがジムに通いだすと、それにつられて通いだす人が増えて、広告のような効果があったのかと思います。

面 利用者が増えて、店にはどういうメリットがあると思いますか？

受 単純に利用者が増えて売上が増えると思います。あとは、機械の稼働率が上がります。ここで稼働率を指摘するのは違うかもしれませんが。

面 稼働率は重要な要素ですよ。どうして指摘しない方がいいと思ったのですか？

受 売上が増えることとレベル感が違うと思いまして。もう1つ下の要素と言いますか。

面 なるほど。確かに、稼働率は大事です。他には、カラオケボックスとかもそうですね。あとはホテルも。稼働率が上がると、何が良いのでしょう？ 逆に、混んでるとどういうデメリットがあると思いますか？

受 混みすぎていると、帰ってしまう人が出てしまうかと。

面 確かに、混んでると使いにくいですよね。でも、混んでる時間帯の人を空いてる時間に移せば、混んでる時間帯に人をいれて更にお客さん増やせますよね。
あと、増えた要因はなんだと思いますか？

受 料金体系が多様化して、週に1日くらいしか来ない軽い使い方をする人が増えたのかと思います。自分が使わない時間帯も含めた料金しかないと、損すると感じ行かなかった人が、自分が使う時間帯しかない料金体系ができて行くようになった可能性があります。

面 そうですね。実際、私も会社から補助もらって行ってますからね。健康意識というメンタルな面と金銭面がありますが、どちらかというと金銭面が大きいのではないでしょうか。
では、これでケース面接は終わりです。

いかがでしたか？

実際のケース面接では、絶対に緊張してしまうでしょう。

だから本書を読み込んで、いつでも同じパフォーマンスが出せるように「スキル化（技術化）」しておいてください！

05 『②「フェルミ推定」から「売上2倍」』のパターンの「リアル」スクリプト－こうハマった！

ケース面接出題頻度No.1とも言える、コンビニのお題です

次は、『②「フェルミ推定」から「売上2倍」』パターンのケース面接を体感していただきたいと思います。

面 それでは、オフィス街にあるコンビニ１店舗の年間売上を試算してください。

受 わかりました。オフィス街のコンビニの年間売上は8.9億円です。日本橋にあるような店舗をイメージしました。どのように計算したかというと、１日当たりの客数×客単価×365日で計算しました。客数が大事になると思いますが、客数は客数＝商圏内の人口×CVS利用率で算出しました。商圏内の人口ですが、私が働いているビルで2,000人いますので、このCVSの周りにそのようなビルが４つ＋αで10,000人と置きました。
具体的に、CVSの利用率は朝、昼、夜で利用率が変わると思います。１つ目の塊の朝ですが、CVS利用率は10%、客単価300円、朝の時間帯で30万円。イメージとしては、朝のコーヒー、飲み物ともう一品軽食です。２つ目の塊の昼は、利用率20%、客単価が700円ということで１日当たり140万円。３つ目の夜は利用率15%、客単価が500円、１日当たり75万円。１日当たりの売上は足し合わせて245万円。年間では8.9億円となります。

いかがでしょうか？

きっちりとフェルミ推定の技術に基づいている、芯を食った見事な回答ですよね。あえて言えば、数字を「丸める」のはしても良かったなと思いますが。

さて、完璧に「議論の俎上」ができたので、気持ち良く議論がスタートしていきます。

面 実際、8.9億円は感覚的に高いですか？

受 そうですね、高いと思います。

面 どのあたりが高いと思いますか？

受 夜の15%が高いと思いました。なぜかと言うと、夜の時間は夕方の小腹が空いたときの軽食をイメージしているのですが、今考えてみると朝の10%より少し低いのかなと。

典型的な論点である「大きいか？小さいか？」から始まり、それを因数毎に検証していく議論。これは、ケース面接に限らず「ビジネス」でも同じですよね

やはりここでも「別のアプローチ」を聞かれてますね。この面接官も素敵です

面 需要ベースで考えているようですが、他のアプローチはどんなものがありますか？

受 他のアプローチでいうと、レジ数×1時間当たり1台で捌く人数×24時間×客単価です。

面 それでざっと計算すると、どうなりますか？

受 45秒で1人捌いて、1時間では80人捌いて、、、客単価が600円。これだとフル稼働になっているので。

面 それでは、1日の5時間、だいたい1/5がフル稼働で、4/5がそうでない。オフィスではピーク時とそうでない時の差が激しいと思いますので、ピークじゃない時は1時間当たり、10人捌くとしましょう。

受 1日当たりフル稼働の時で72万円。フルでない時が30万円で、1日当たりは102万円。

面 素敵な数字になってきましたね。

いかがでしょうか？ レジ台数が3台という前提の会話でしたね。

それにしても、「答えの無いゲーム」としっかり認識した、素敵な会話でした。

ちなみに、「他のアプローチありますか？」は、コンサル界隈では「他のやり方が僕は好きなんだけど思いつく？」という意味でもあります。

次は、「売上2倍」のステージへ移っていきます。

「フェルミ推定」でホームランを打っているので、スムーズに会話が進んでいきます。

フェルミ推定がひと段落し、「売上2倍」パターンへと議論が移ります

面 ディスカッションベースで進めたいと思います。あなたが店長だとして、売上を伸ばすための施策は何がありますか？

受 ピーク時のレジの人員を厚めに持たせる方法を考えます。オフィス街でコンビニに来る人、特にピーク時の人は、ご飯をぱっと済ませたい人だと思います。ですから、レジが混んで待たされるという問題は解消せねばなりません。

面 色々ドライバーがあるとして、レジで捌く人数をどれだけあげられるかということですか？

受 そうですね。数式上で表すことは難しいのですが、２つ目の式で１時間当たりに捌ける客数に限界があることで逃している客がいるんじゃないかと考えました。

ここは「売上施策」を議論していく因数分解を再掲してからの方が、良かったかもしれないですね。

面 逆に、その観点で人員増やす以外のアプローチはありますか？

受 人員を増やす以外のアプローチで言うと、ジャストアイデアですが、お弁当を温める人の列、レジ横のファストフードを買う人の列というように、あらかじめ列により振り分けられると、レジ内で店員の交差がなくなり効率的になるんじゃないかと思いました。

面 捌くのに1人当たり45秒かかる、という点を短縮することは可能ですか？

受 機械を導入すれば可能だと思います。無人レジを導入したり。でも、あれはレジ数を増やしてしまうので、、、あとは、回転速度自体を上げることでしょうか。

面 そうですね。実は、弊社の1Fにセブンがあるのですが、そこには電子マネー専用レジがあって、混雑時に上手く捌けているなと思いました。だから、他に何かアイデアあるかなと思って聞いただけなのですが。

受 例えば、コンビニでは数年前からローソンが導入したのですが、お客様にクレジットカードを自分でスキャンしてもらうというやり方が画期的だなと思いました。

面 少額だから、パスワードも要らないということですか？

受 そうです。お客様がクレジットカードを差し込んでいる間に店員が袋詰しており、レジの時間がかなり短縮されていました。

面 わかりました。それでは、これで30分ですので終わりにします。

いかがでしょうか？

あえて言うなら、もう一段、課題の議論を深めたほうが良かったかもしれません。

でも、お気づきかと思いますが、フェルミ推定でホームラン打っているので、「流した」「前向きな」会話になっていますよね。

さて、「フェルミ推定」のケース面接、4つのパターンの「リアル」スクリプトを見ていただいたわけですが、実に面白いと思いませんか？

本当にケース面接は「コンサルティング業務」の投影です。

だから、これを楽しいと思えた方は、コンサルタントを目指してみるといいかもしれません。

06 候補者がハマっている7つの罠 -「面接官はココを見ている」

みんながハマりにハマる「罠」を、7つほど紹介しましょう

　最後に、ケース面接で候補者がハマってしまう「罠」について整理して、第8章を締めたいと思います。

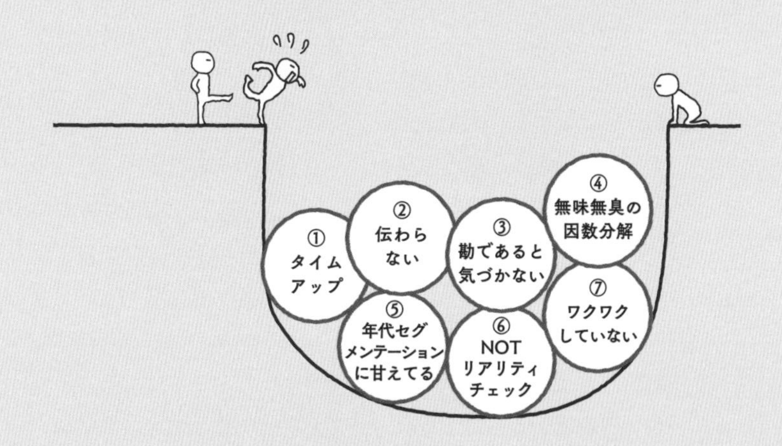

①「タイムアップ」の罠

　時間切れ。お題に対して、自分の回答を作れなかったという罠です。「いやいやいや。それは罠ではなく能力です」という人がいるかもしれませんが、違いますよね。もう、皆さんはおわかりですよね？

　フェルミ推定は「議論」が前提であり、その議論を通して、候補者のコンサルタントとしての素養を測っているわけです。ですので、最低限の議論の土台がないと、ケース面接がやりづらくなります。

ちなみに、「最低限＝聞かれたお題に対して時間内に数字（当て勘でもOK）があること」ですからね。
「値」さえあれば、議論を進めることができます。
例えば、

「その数字は大きいと思いますか?小さいと思いますか?」
「それはなぜだと思いますか?」

などと、スムーズに議論ができるわけです。

②「伝わらない」の罠

フェルミ推定は、伝わらないと意味がない。議論しないと価値がない。いくら因数分解を細かくし数字も置いて計算して出したとしても、肝心の説明がぐちゃぐちゃになってしまっては伝わらない。その最大の原因は、「構造と値を分離して話せていない」からに尽きます。
でも、第5章で説明した、「フェルミ推定の話し方」を暗唱できていれば、全く心配はいりません。次のテンプレートを忘れないでおきましょう。

> ○○億円になります。
> どうやって計算したか？というと、素直に【XXXXXXX】×【XXXXXXX】×【XXXXXXX】となり、それぞれの数字は○○、○○、○○となり、単純計算で○○億円です。
> もう少し詳細に計算しており、論点となる、【XXXXXXX】は更に因数分解しており、【XXXXXXX】×【XXXXXXX】となり、それぞれの数字は○○、○○、○○。繰り返しますが、○○億円になります。

皆さんも、「理解したから大丈夫！」で学習を止めず、スラスラと言えるようになるまで、“口が覚える”まで繰り返してみてください。

③「勘であると気づかない」の罠

フェルミ推定は、突き詰めると最後は“ジャンプ”しないといけないため、「勘」が存在します。だから、「この値は勘なので緩い」と認識し、それを伝えないといけません。コンサル面接においては、「勘で値を作るしかなかった」ことよりも、「勘で値を作ったことに気づかず、それでOKだとと思っていること」が問題なのです。

ですので、「この値は緩くて根拠が浮かばなかったので、一旦感覚で仮置きしてます」ということを伝えておくべきなのです。

そうすれば、その後は「その部分を議論」すればいいのです。

④「無味無臭の因数分解」の罠

「算数的」に、ただただ、因数分解を細かくしてしまっている、まさに因数分解バカがハマっている罠。因数分解に、今まで説明してきた「現実の投影」や「ビジネスモデルの反映」がされていない、単なる因数分解となってしまいます（これを無味無臭と呼ぶ）。

皆さんは、もうハマりませんよね？

様々な要素を反映させた「濃い」因数分解を作りましょう！

⑤「年代のセグメンテーションに甘えてる」の罠

フェルミ推定の問題で、「年代」でセグメンテーションすることは“甘え”です。すでに「田の字」を完全理解している皆さんであれば、「年代のセグメンテーション」よりも「田の字」がセクシーであることを理解しているはず。

一応、あらためて「年代のセグメンテーション」がダメな理由をお伝えしておきましょう。例えば、「20代」と括ったとき、皆さんはどんな人が思い浮かべますか？

おそらく、「高校卒業して働いている人」「大学生」「社会人」などなど、バラバラに混在すると思います。

そう、その「混在している」セグメンテーションしている時点で“寒い”のです。

それならば、「高校生」「大学生」「社会人」「シニア」とセグメンテーションした方が百倍良い。

混在している＝「意味をとれない」セグメンテーションはダメなのです。

もう1つ、この「年代のセグメンテーション」には、アンケートで全てが取れる前提の解き方になってしまっています。でもフェルミ推定は、「未知の数字を、常識・知識を基にロジックで計算すること」のはず。

だからダメなのです。

⑥「NOTリアリティチェック」の罠

フェルミ推定は、1度数字を算出して“終わり”ではありません。自分の信じる因数分解で数字を出したら、一呼吸して「リアリティチェック」を必ずやる。でないと、「さすがに小さすぎませんか？」「これは大きすぎますよね？」という展開になる可能性があるからです。

異なる因数分解でするという、ある意味「正式な」リアリティチェックでなくてもいい。数字が算出された瞬間、「これ、自分の肌感覚でどうかな？」と簡易なリアリティチェックをするだけでもOKです。

⑦「ワクワクしていない」の罠

皆さんは、フェルミ推定を楽しんでいますか？

面接とはいえ、ワクワクしながら解いていますか？

つまるところ、最後はこれが大事になります。

コンサルタントは「答えの無いゲーム」をひたすら考え続ける仕事でもあるため、この“素養”は必ず面接でチェックされる。ですので、面接であれ「これ考えるの面白い！」と思えること、少なからず面接官から「ワクワクしているな」と見えることは最低限だと思ってください。

昔、僕の生徒に戦略コンサルへの転職希望者がいました。そして、第一志望のコンサルティングファームで「フェルミ推定」が出題されました。

その時は「この2つのどちらからを選んでください」と言われ、提示されたのは

対策をしたことある＝テニス
対策をしたことない＝空港

の2つ。

なんと彼は、間髪入れずに対策したことがない「空港」を選んだのです。

理由を聞いたら、「解いたことがあるのはつまらないから」と。

彼はまさに、ワクワクしすぎているのである。
その瞬間、「彼は受かるな」と思ったら案の定さっくり受かり、今でもトップファームのコンサルタントとして大活躍している。

逆に言えば、「苦手意識」を超え、「ワクワク」できるくらいまでトレーニングするという解釈もできます。

ぜひとも、今苦手だったとしても、丁寧に本書を読み、暗記し、暗唱して理解を深め、ワクワクできるまで、「フェルミ推定の技術」をマスターしてほしい。

それが僕の願いです。

07 “僕”のから、“僕ら”の「フェルミ推定の技術」に

フェルミ推定の技術をマスターする“道すがら”に磨ける要素は、驚くほどに沢山あります

「ケース面接」のスクリプトにて、面接官と候補者のやりとりを体感していただきました。もう、勘の良い皆さんであればお気づきかと思いますが、このやり取りは「上司と皆さん」であり、「クライアントと皆さん」とのやり取りの投影になります。

だからぜひとも、明日から「フェルミ推定の技術」を意識的に使い、ビジネスを進めてみてください。

フェルミ推定は、
ロジカルシンキングを超える武器となる！

本書を書くにあたって、僕が強く意識したことでもありますが、フェルミ推定はプラクティカルなスキルです。実践的、現場でまさに明日から使える、そして自分で「ちゃんと使えているか？」をチェックできるスキルとなっております。

「田の字」1つとっても、解説したステップに則れば作ることができる。まさに、プラクティカルですよね。

そして、フェルミ推定の技術をマスターする“道すがら”に、

- 現実を投影、ビジネスモデルを反映することを通じて、
  「ビジネスセンスを磨ける」
- そもそもの因数分解、リアリティチェックを通じて、
  「ロジカルシンキングを磨ける」
- 結論から伝える、構造と値を分ける話し方を通じて、
  「コミュニケーションを磨ける」

そして何より、大事なセンスを磨けます。
更に言うと、

- 「未知の数字」をロジックと知識で推定を通じて、
  「答えの無いゲームのセンスを磨ける」

だから、フェルミ推定は最高であり、そして僕は思うのです。

フェルミ推定は、
ロジカルシンキングを超える武器となる。

もし、本書を再度読み直そうと思っていただけるなら、その際には「フェルミ推定」に閉じることなく、ぜひ「センス」を磨くつもりで挑んでみてください。

おわりに

お疲れさまでした！ありがとうございます！

「おわりに」を読んでくれているということは、あえての表現をさせていただければ、「僕の」フェルミ推定の世界にハマってくれたということでしょう。ソシム（株）の担当者さんと大盛り上がりあがりしながら作った作品だけに、嬉しさもひとしお、でございます。

繰り返しになりますが、
本当に面白い世界ですよね。フェルミ推定の世界。

さて、ここで理解度といいますか、「ハマり」度をお感じいただくべく、9つの「面白さ」＝クイズを出題させていただきます。読む前では「きっと」わからなかった「面白さ」が、今だったら分かるかもしれません。

これから、その9つのクイズをお読みになり、

あ～、わかる。
めちゃくちゃ、わかる。

となりましたら、もう、『HUNTER×HUNTER』でいえば「裏ハンター試験、合格！＝念、習得！」といったところでございます。

皆さん、ココロの準備はできましたでしょうか？
では、参ります。
「おわりに」だけに、裏「フェルミ推定試験」スタート！

1. 本書では、「フェルミ推定を用いて算出した数字」と「現実の数字」を調べての調整を一切しておりません。その崇高な理由を説明しなさい。

2. 年代でセグメンテーション？ 気持ち悪すぎる。その理由を、「F1層」「F2層」といったマーケティング用語と掛け算して説明しなさい。

3. 好みもあるが「供給サイドが圧倒的に優れている」と暗にメッセージされている中、「需要サイドも、こんな時は最高じゃん」という“こんな時”を説明しなさい。

4. 因数分解として「面積方式」が有用となる条件と、それに当てはまる題材（ビジネス）を列挙し、説明しなさい。

5. 「レジ方式」の限界が語られておりましたが、その理由を「サプライヤーロジック」という概念を活用し説明しなさい。

6. 「それ、オッカムの剃刀じゃん！」というセクシーな突っ込みができるページがあります。さて、そのページを特定した上で関連性を説明しなさい。

7. 「田の字」という考え方を浅く理解すると、「4つではなく、6つで分けてもいいですか？」というポンコツ発言が蔓延します。この発言がなぜ、「ポンコツ＝わかってねぇな〜」なのかを説明しなさい。

8. 「映画“真夏の方程式”の福山雅治さんのギャラ」の問題で、「拘束される日数を14日」としてますが、その理由（ロジック）を説明しなさい。

9. コンサル・ビジネス界の「定番、愛読書」になる本書『フェルミ推定の技術』は、毎年何万部売られるか？と聞かれて「5万部」と健やかに答えます。その根拠を「フェルミ推定の技術」を活用し、説明しなさい。

繰り返しになりますが、「フェルミ推定の技術」は本当にセクシーですよね。

ロジカルシンキングを超える戦略思考＝「フェルミ推定の技術」

「たかがフェルミ推定、されどフェルミ推定」という言葉がぴったりだなぁと、しみじみしております。

本書のタイトルの冠にもつけた想い「ロジカルシンキングを超える戦略思考」も、本書の至る所に散りばめさせていただきました。また、フェルミ推定の「根底に流れる」原理といいますか、考え方についても読んでいるうちに、

あ〜、これってフェルミ推定に限ったことではないよね。

と体感していただけるように、叫んでいただけるように書かせていただきました。

5つだけハイライトさせていただきますと、次のようになります。

① 当然、パッと思いつくのがこれですよね。「答えの無いゲーム」の戦い方。新しい時代を築いていかれる皆さんにとって、必要不可欠な考え方ですよね。

② 次に「リアリティ・スウィッチ」ですよね。って、そんな言葉は本文では使っておりませんが、「現実の投影」「ビジネスモデルの反映」「社会の反映」などを総称して、僕らは「リアリティ・スウィッチ」と読んでおります。

③ まだまだあります。気づきにくかったと思いますが、「カフェ」「乳母車」のお題で「こういう因数分解だったら、こういう社会だろう」という考え方を語りましたが、これも戦略思考なんですよね。僕はこれを「世界は美しい」と呼んでいます。

④　「因数分解の良し・悪し」の判断基準、第2指針「その後」の議論との整合性にも、背景には、フレームワーク「起点」ではなく、「説明責任」としてのフレームワークというセクシーな考え方があります。

⑤　最後はこの言葉ですよね。「伝わらないと意味がない。議論しないと価値がない」。これも解釈なく、そのまま「戦略思考」ど真ん中ですよね。

「戦略思考」というのは昔から語られていますが、どこか「ほわっと」している、わかるようでわからない世界と感じていらっしゃる方も多かったと思います。

だから今回、テーマとさせてもらった「フェルミ推定の技術」を契機に、戦略思考の理解に役立てていただければハッピーです。

では、フェルミ推定の講義を終えたいと思います。

起立！　気を付け！　礼！

ありがとうございました！

◉著者紹介

高松智史（たかまつさとし）

「考えるエンジン」と聞いて、”あ！”と思った方、ありがとうございます。

皆さんのお力でベストセラーとなった『変える技術、考える技術』の著者でもあります。“〇〇の技術”の旗印の2冊目として、本書『フェルミ推定の技術』を書きました！

書籍に加えて、YouTube「考えるエンジンちゃんねる」も合わせてごらん頂けると感謝。

「BCG(ボストン・コンサルティング・グループ)」「ウイニング受験英語（生徒・チューターで7年)」と、何より、考えるエンジン講座を教える中での学びを少しでも言語化し、出版／発信できればと邁進中。

一応、経歴も載せさせてください。

一橋大学商学部卒。NTTデータ、BCGを経て「考えるエンジン講座」を提供するKANATA設立。本講座は法人でも人気を博しており、これまでアクセンチュア、ミスミ等での研修実績がある。BCGでは、主に「中期経営計画」「新規事業立案」「組織・文化変革」などのコンサルティング業務に従事。

●考えるエンジンちゃんねる

https://www.youtube.com/channel/UCKYzluBJPjqoIHOX7Nl8oZA

●Twitter

@TAKAMATSUSATOS1

カバーデザイン：坂本真一郎（クオルデザイン）
本文デザイン・DTP：有限会社 中央制作社
表紙イラスト：山本ゆうか

ロジカルシンキングを超える戦略思考
フェルミ推定の技術

2021年 9月10日　初版第1刷発行
2023年 3月 9日　初版第5刷発行

著者　高松 智史
発行人　片柳 秀夫
編集人　志水 宣晴
発行　ソシム株式会社
https://www.socym.co.jp/
〒101-0064　東京都千代田区神田猿楽町 1-5-15 猿楽町 SS ビル
TEL：(03)5217-2400（代表）
FAX：(03)5217-2420

印刷・製本　音羽印刷株式会社

定価はカバーに表示してあります。
落丁・乱丁本は弊社編集部までお送りください。送料弊社負担にてお取替えいたします。
ISBN 978-4-8026-1325-5